土木
ドボク
女子！
ジョシ

土木女子！

〝土木女子〟って、知っていますか？

トンネルや高速道路など、土木の現場で働く女性たち。

明るく前向き、いつでも笑顔。

でも、ほんの少し前まで、
土木の現場で女性を見ることはほとんどありませんでした。

「私もあんなダムをつくりたい」

「かっこいい橋を設計したい」

そう思っても、入口にすら立つことができない女性がたくさんいました。


今は、少しずつ女性の数も増えています。

でも、いばらの道であることに、変わりはありません。

女性技術者の割合は、業界全体でもまだ数パーセントにすぎません。

ただ、少なくとも、業界に入ることはできるようになりました。

土木はもう、男〝だけ〟の仕事ではないんです。


毎日歩く道路から道端の植栽、水の管理まで。

土木の仕事は多岐にわたり、私たちの生活と密着しています。

あまり知られていませんが、
地震、豪雨、大雪などが引き起こした災害時に、
現場に駆けつけて復旧作業をするのも、
実は土木・建築の仕事をしている人たちなんです。

彼女たちは、土木のそういう
縁の下の力持ちなところに魅力を感じて、頑張っています。
確かに女性は少ないけれど、
だからこそ、できることもたくさんあります。
現場でも、オフィスでも、彼女たちはキラキラ輝いていました。
野心だって、人一倍あるんです。

逆境に負けずに頑張る彼女たちの、でっかい夢と少しの悩み、
あなたものぞいてみませんか？

きっと、あなたも好きになる。
夢の詰まった〃土木女子〃の世界へ、ようこそ！

Contents

はじめに

写真で見る土木女子

村上 麻優子（鹿島建設株式会社） 6

西面 志保（清水建設株式会社） 12

吉松 千尋（株式会社大林組） 16

小松 祥子（大成建設株式会社） 20

武藤 由里菜（株式会社ネクスコ東日本エンジニアリング） 26

片山 愛（愛知県） 32

松本 立子（東日本旅客鉄道株式会社） 36

青井 志帆（ミタニ建設工業株式会社） 40

濱 慶子（株式会社熊谷組） 46

遠藤 めぐみ（東日本高速道路株式会社） 50

鈴鴨 若菜（鹿島建設株式会社） 54

林 政子（三井住建道路株式会社） 62

重中 亜由美（独立行政法人水資源機構） 68

置田 彩・伊集院 かおり（安藤ハザマ） 74

村上 望（日本工営株式会社） 80

高村 さやこ（有限会社大沢造園） 84

コラムで知る土木女子

＊本文中※印のついている言葉は、P126「土木用語辞典」で解説しています。
＊本書の内容は、平成26年1～6月の取材時の情報に基づいています。

鹿島建設株式会社
東京土木支店

村上 麻優子（むらかみ・まゆこ）

工学部建設工学科卒業。平成19年4月鹿島建設株式会社に入社、技術研究所配属。平成22年10月より現職

小さいころから図面が好きだった村上さんは、いま、東京の大動脈〝中央環状品川線〟のトンネル工事に携わっています。現場を見つめる真剣な眼差しがとても印象的。

大学生のとき、インターンシップで出会った土木の現場が、この業界に飛び込んだ決め手でした。

すっかり現場の魅力にとりつかれ、現部署に異動になったときには、「やっと夢がかなった」と喜びました。彼女をそこまで夢中にさせるのは、「やっぱり、全ての工程が完了したときの達成感！」。

“私自身”を見てください

特に、掘削※していたトンネルが貫通した瞬間はとても嬉しかったそうです。

しかし、失敗をして、「自分にはこの仕事は向いていない、辞めよう」と思うほど、悩んだことも。〝女性だから怒られなかった〟、といった経験もあるそうです。でも、彼女はそういった空気に便乗したくない、と言います。

「女の子なのに頑張ってるね、と言われても嬉しくないです。そうじゃなくて、ひとりの技術者として自分を評価してほしい」

つらいことがある度に、何度もひとりで泣いたそうですが、彼女は、今日も現場に立ち続けます。

「鹿島建設は業界をリードしていく会社のひとつ。まだまだ女性が少ないなかで、ロールモデルを作るという意味では、見本にならなきゃいけない。だから、自分にできる努力は惜しまない。私の話を聞いて、土木の世界に入ってくれる人がいるかもしれない。いまは悔しい思いをしている人が、頑張れるかもしれない。そう思って、毎日仕事をしています」

くれぐれも頭上には注意です

指差し確認は、安全な作業のためには欠かせません

道路完成後は、人の目には触れることのない通路。ここまでの道のりを思うと、感慨深いものがあります

帽子スタイルがお気に入りです

鞄の中にはいつも本が

現場近くのお店に伺いました

スキーの建設業大会で。
会社の競技スキー部で
大回転をしています。
ゼッケン１番ゲット！

スキー場で同僚の方々
とバーベキュー

見事スキーの建設業
大会で入賞しました

土日どちらかは作
ろうと決めている
ごはん、この日は
タンドリーチキン
でした

インテリア関連の
ものを見たり集め
たりするのが好き
です。自宅で一番
のお気に入りはダ
イニング。ここで
資格試験の勉強も
していました

清水建設株式会社
土木東京支店

西面 志保（さいめん・しほ）

大学院環境学研究科修了。平成 21 年清水建設株式会社に入社。平成 23 年まで東京都の環状 2 号線で開削トンネルの施工管理、その後本社土木技術部を経て、現職

柔和で気配り上手な彼女は、常に相手のことを考えて行動すると決めています。それは仕事をするうえでのポリシーでもあると言います。

大学では農学を専攻しながら、大学院から環境土木の世界に入った、という経歴の持ち主。

「『土木分野の技術者になりたい』と思っていたら、たまたま研究室のOBに清水建設の方がいたんです」

この世界に入ったのはそんな偶然もあってですが、仕事へは厳しい姿勢で臨みます。

「工事をしていると、程度の差はありますが、トラブルはつきものです。

尊敬と気配りを忘れなければ、きっとすべてうまくいく

でも、その日の作業の段取りを組んでいるのは自分なので、いかに計画通りに工事を進められるかで、腕がはかられるんです」

一緒に仕事をしている職人さんたちのおかげで、自分は生活できていると思う、とも言います。コーヒータイムの雑談で学ぶこともたくさんある。だからこそ、臆することなく必要なことは言うようにしています。「自分の目的が何かは忘れずに、周りに対しては、尊敬と気配りを忘れずに。そうすれば、皆ついてきてくれると思います」

ただ、土木業界への女性の進出となると、今はまだ厳しいかな、と感じている面もあるそう。でも、そこも結局は助け合い。

「現場は運命共同体。必要なときに助け合えるよう、これからも、持ちつ持たれつの関係を築いていきたいです」

現在は高速道路の施工管理の仕事をしていますが、将来は、土木分野で得た知識を生かして、環境・エネルギー分野の仕事をするのが目標です。土木の持つ可能性に、夢は広がります。

メジャーは七つ道具のひとつ

測量は、土木には欠かせない
仕事です

通勤はいつも自転車です

大きなモノを動かして、大きな感動が得られる、とても面白い業界です

株式会社大林組
土木本部
吉松 千尋（よしまつ・ちひろ）

工学部建設工学科卒業。平成 22 年 4 月株式会社大林組に入社、千葉県の鉄道立体交差事業の現場に配属。平成 23 年 10 月より東京本店土木事業部工事計画部、平成 24 年 4 月より現職

「土木は〝経験工学〟なので、前よりうまくできたということは、自分が成長しているということ。そうすると、もっと頑張りたい！と思います」

構造物のつくり方がわかるごとに、仕事がどんどん面白くなる、と彼女は言います。視線の先には、色とりどりの建機が。「複数の協力会社が狭い範囲で競合して作業するときなどは、会社によって建機の色分けをしていることもあるんですよ」と、豆知識も教えてくれました。

元々は設計職志望で、大学も建

設工学科専攻。それが〝建築〟ではなく〝土木〟※の道に進んだ理由は、どうしようもなく橋に魅せられたから。

「観光名所にもデートスポットにもなる橋って、すごく素敵じゃないですか？ どうせつくるならきれいなものをつくりたいと思ったんです」と、土木女子らしいコメント。初めての配属現場も鉄道高架橋で、完成した橋の上に立ったときの感慨が、いまも忘れられないそうです。

現在は、主に技術提案書※の執筆業務にあたっています。

工事発注公告のなかから担当に決められると、2週間程度で発注図面等の確認から社内調整等を経て提案書完成までの一連の作業を行うという、大事な仕事です。

ひと口に〝土木〟と言っても、その仕事内容も、携わる人の目標も様々。「土木は、社会インフラを支える重要でやりがいのある仕事です。まだまだ女性の数は少なく、つらいことも多いのですが、これから女性が増えて、どう変化していくのかが楽しみです」

OBAYASHI

SH 200

これから橋梁ができる現場を見学にきました。何もないところから創りだす、土木の醍醐味ですね

趣味のひとつ、ダイビング。ウミガメと出会えた！ 感動！

同期の子たちとよくランチをしています！

同期以外も、みんな仲良しです

スポーツをしている男性はかっこいいですよね

バッティングより、ゴルフのほうが得意なんです！

クレーンキャッチャーより……（以下略）

ここは地下45mの工事現場。やり遂げた、という思いで構造物を見上げている女性技術者が小松さん。
ここ数年頻発しているゲリラ豪雨などから起こる都市型水害に備えるため、首都圏各所に洪水対策用の施設が造られています。有名なものに神田川・環状七号線地下調節池がありますが、ここ、白子川地下調節池もそのひとつ。直径10mのシールドマシンと深さ50mの到達立坑のあるスケールの大きな現場です。将来的に、これらの地下調節池は繋がる計画となっています。
安全に良い品質のものをより早く

大成建設株式会社
東京支店

小松 祥子（こまつ・しょうこ）

都市基盤工学専攻科卒業。平成18年大成建設株式会社に入社、東京支店のポンプ場の現場を経て平成21年より本社の技術提案部署勤務、平成23年より東京支店白子川地下調節池現場勤務、平成25年より現職

“できないこと”はない。気負わずに、やりたいことに挑戦しよう！

造るということを心掛けながら、現場を進めていたそうです。現場までの道路を歩いていると、住民の方から「おはよう」「お疲れさま」と声をかけられることもしばしば。そんな皆さんの生活を守るためと思えば、さらにやる気が出るそう。

「人がより安全に暮らせるような、社会の役に立つ仕事を、技術者として支えたい」という彼女にとって、この仕事は非常にやりがいのあるものです。「周辺住民の方々のよりよく安心した生活を支えるために、頑張ります」と小松さんは話します。

いわゆる〝ゼネコン〟※に就職しようとした際に、「女性なのに大丈夫？」と家族からの反対や心配の声もあったと言いますが、今では皆応援してくれているそうです。

目標は、まずは監理技術者になること。女性初の何かになりたいという思いではなく、技術者として一人前になることが彼女の目標だそうです。

「男性も女性も含めて、みんながより働きやすい業界になればよいと思います。この業界に不可能はありません。やりたいことは何でもできる、毎日が挑戦の連続です！」

到達立坑※。こんなに大きなものを造ったんだ、という感慨が込み上げます

※トンネルを掘り進むシールドマシンが到達する縦穴

東京の水害を防ぐ巨大な水路の終点。右側の窪んでいる部分には、将来神田川・環状七号線地下調節池へと繋がるトンネルができる予定

お世話になった上司と

シールドトンネル内の移動は、
10人乗りのトロッコで。まるで
インディージョーンズの世界

プライベートでの移動は
専ら自転車とのこと

シールドマシン到達
時、作業所のみんなと。
マシンを見たときは感
動的でした

友人たちとキャンプに
行きました

株式会社ネクスコ東日本
エンジニアリング
交通技術部

武藤 由里菜（むとう・ゆりな）

社会交通工学科卒業。平成 23 年 4 月株式会社ネクスコ東日本エンジニアリングに入社、千葉道路事務所配属。平成 25 年 5 月より現職

「自分にはデスクワークよりも現場が合うと思っています」元気いっぱいに、はじける笑顔で話す武藤さん。

休日はゴルフにフットサル、冬はスノーボードまでこなしてしまうスポーツ万能ぶり。

仕事でもオールラウンダーを目指し、高速道路の渋滞対策・維持管理や保全点検の仕事にあたっています。

「土木業界は女性に厳しいと思われがちですが、『好き!』の気持ちがあれば、なんとかなります!」

毎日、楽しんで仕事に取り組む

土木が好きならなんとかなる！

姿勢がまわりに影響しているのか、職場にも笑顔があふれています。

多くの土木女子がきついこととして挙げる、真冬の屋外での仕事ですら、自然を感じながら働けてうれしいとのこと。

「仕事を〝つらい〟と思ったことがないんですよね。仕事自体も楽しいし、同僚の方々も、皆さんとてもよくしてくれます。でも、仕事終わりに度々みんなでご飯に行っていたせいか、千葉の現場にいたときにはちょっと太ってしまいました……（笑）」

愛着のある京葉道路の渋滞を低減させることが、将来の目標だそう。

「好きな仕事ができれば、きっと毎日がとても楽しい。自分で考え行動して、たとえそこで壁にぶつかったとしても、頼れる先輩方に相談もできるし、『好き』という気持ちがあれば、乗り越えられると思います」

資料の説明も、手慣れたものです

現場立会の説明を
受けています

同期・後輩と仲良くおしゃべり。女性の数も徐々に増えています

女性会議に出席したときの写真です。
やっぱり仲間がいると、心強い！

詳細点検

趣味のゴルフの練習

部内旅行で山梨へ

立派なジロリアンです。「ヤサイマシマシカラメマシアブラスクナメニンニク」で！

我が社の土木女子S

旅行先の鹿児島で

会社の同僚と

冬はスノーボードなどを
楽しんでいます

でも、おいしいからやめられない

食べている写真多し

身近な“土木女子”と力を合わせて頑張って

愛知県
建設部

片山 愛（かたやま・あい）

大学院工学研究科修士課程修了。平成22年愛知県へ入庁、建設部・衣浦港務所へ配属。平成25年より都市計画課

〝愛知県庁の星〟は、異色の経歴の持ち主でした。

高専※を卒業後、一度は就職。しかし一年で退職し、高専の専攻科に入り直した後、大学院を経て、愛知県庁に入庁。夢に向かって執念とも言うべき道を歩んできました。いまは都市施設（道路等）に係る都市計画の決定や変更、見直しに関する仕事をしています。

「夢は、たくさんの人が〝住みやすい街〟と感じられるような都市計画、社会基盤整備を行うことです。様々なニーズがある中で、合意形成を図ることは容易ではありません。しか

し、一方で予算の減少、効率的な投資が求められてきています。限られた予算を有効に投資し、より多くの方が快適な生活を営めるよう、住民や利用者の立場に立ち、将来を見据えた計画づくり、整備を行っていきたいと思っています」

愛知県庁では平均2〜3年で異動があるため、「いろいろな仕事が覚えられて楽しい反面、全く経験のない部署に配属されるので、勉強の毎日です」とのこと。

現在、全国各地・各団体に女性技術者が増えてきています。愛知県庁では、女性技術者が年に数回、不定期に集まって、ざっくばらんに話をしたり、情報交換できる〝女性技術者の会〟があります。

「そんな風に、身近な〝土木女子〟と力を合わせて、これからも頑張っていきたいと思います」

これまではひたすらに夢を追ってきましたが、結婚後数年が経ち、そろそろ次のライフステージに進みたいと考えています。

女性が増えつつある土木業界に、新たな風が吹いています。

愛知県庁舎は1938（昭和13）年竣工。そんな歴史ある建物で働けるのも、喜びのひとつです

都市計画課では、こういった建物や施設の模型を使って、県内の小学生を対象にまちづくりのルールを体感し、都市計画の役割について学ぶまちづくり出前講座を開催しています

課を越えて身近な女子と
話せる貴重な時間

東日本旅客鉄道株式会社
東京工事事務所

松本 立子（まつもと・りゅうこ）

大学院システム情報工学研究科卒業。平成 19 年東日本旅客鉄道株式会社に入社、仙台支社勤務。平成 20 年より東北工事事務所勤務、平成 24 年より現職

社員数約6万人の巨大企業JR東日本。その中に、〝土木職〟という、ちょっと変わった肩書で働く女性がいます。

会社名を言うと、友達から「車掌さん？」という反応が返ってきたことも。しかし、彼女は毎日150万人以上もの乗降者数があるJR新宿駅で、日夜便利な駅づくりのために働いている、れっきとした土木女子なのです。

最初の現場は、駅のエレベーター設置工事でした。「大好きなおばあちゃんと、どこへでも行けるようになりたい！」その気持ちから鉄道会社を志望した彼女が、夢をかなえた

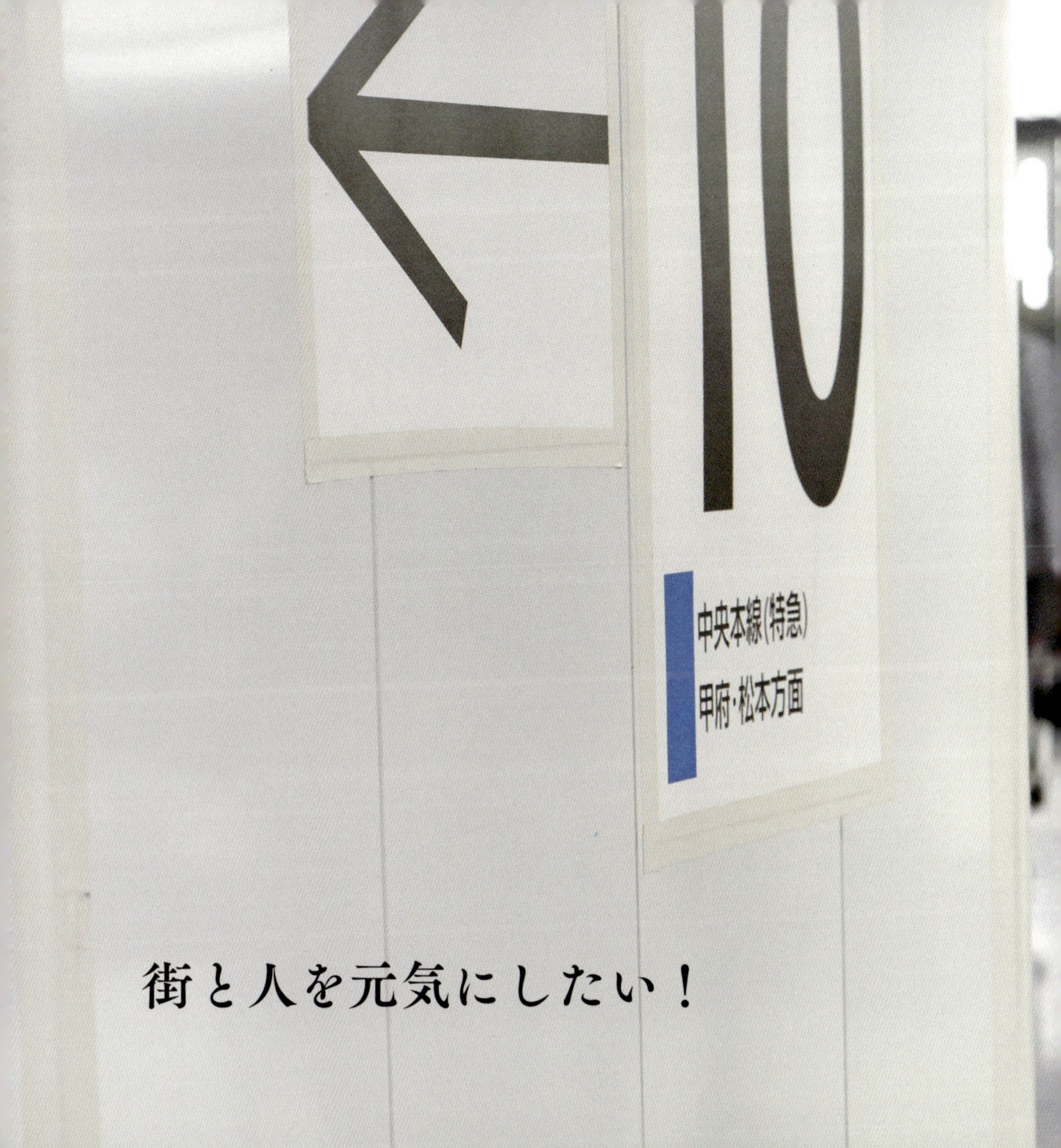

街と人を元気にしたい！

仕事です。

東日本大震災のときには、東北の工事事務所で新幹線復旧工事に奔走。

「パートナー会社含め、復旧工事に従事する人の多くが被災者なのに同じ使命感を持って働いており、衝撃を受けました。震災後、初めて新幹線が走っている姿を見たときは感動しましたし、地域の方々も心から喜んでくださったのが、この仕事につけて本当によかった、と思った瞬間です」

東北新幹線が、震災後49日という短期間で運転を再開したことは記憶に新しい。彼女はこの仕事を通して、「電車が動くのは多くの人々の努力や支えがあってこそのことだ」と改めて実感したそうです。

いまは駅改良工事などの様々な仕事に携わっていますが、ゆくゆくは、上野東京ライン※のように、鉄道ネットワークを強化するプロジェクトを企画するのが夢です。

「人々の生活に密着して、社会基盤を作っていくのが土木の仕事です。土木の力で、みんなが便利で明るく暮らせる社会を作っていけるよう、これからも頑張ります！」

現在担当している新宿駅東西自由通路新設工事等の駅改良工事は、約10年という息の長い工事。いまは何もないこの場所の10年後を想像すると、ワクワクします

現在の職場ではデスクワークが中心。でも、職場と現場が近いので、わからないことがあるとすぐ現場に足を運びます

休日はよく友人と食事をしに出かけます。コーヒーを飲みながらの女子トークは止まりません

週末は大好きなフットサルで汗を流しています

大変なこともいっぱいあるけど、まずやってみれば、道は拓ける！

ミタニ建設工業株式会社
舗装部

青井 志帆（あおい・しほ）

工業高等専門学校建設システム工学科卒業。平成24年4月ミタニ建設工業株式会社に入社、以降現場代理人、技術員等として勤務。平成25年12月より現職

「女性で土木をやってる人って聞いたことなかったので、『だったらやってやろう』と思ったんです」と、土木業界に入ったきっかけを語る彼女。この負けん気の強さが売りです。親戚のお兄さんが同じ学校・学科に通っていて、憧れがあったのも理由のひとつです。元来の男勝りな性格もあり、友達からは「土木、似合ってるよ」と言われました。

現場でも「女性がいる!?」と驚かれることもありますが、安全管理や清掃面については、女性のほうが向いているとも感じています。

現在の部署は舗装部。地味な部署

かと思いきや、「土木の工事は目に見えない基礎の部分が多いけど、舗装は目に見えて完成していくのがわかるので、すごく楽しいんです」と笑います。

夢は「とにかくえらくなって、私についてこい！と言えるような職長になる」こと。

しかし、現在ミタニ建設工業に女性の管理職はひとりもいません。夢をかなえるために、いまはとにかく上司や先輩の良いところを貪欲に吸収しているそう。

「仕事はとても楽しいです。人の生活の基盤をつくるこの仕事が大好きで、やりがいと誇りをもって働いています。やってできない仕事はないと思うので、しり込みせずにやってみればいいと思います」

最初に関わった工事のときに、地域の方から「ありがとう」「きれいになったね」と声をかけてもらったことが忘れられないと言います。

「誰かに感謝されるのは、本当に嬉しい。まだまだ女性が少ない業界で、大変なこともたくさんありますが、力をあわせて頑張っていきましょう！」

いまの現場では、歩道の
植栽をしています。職人
さんたちとも仲良しです

うち
0843

うち
0843

うち
5-0843

学生時代、東南アジアに旅行に行き、「人生観が変わった！」と帰ってくる人はたくさんいますが、本当に人生を変えてしまったのが濱さんです。

元々大学では土木を専攻していましたが、それを仕事にする気はさらさらなく、かといって、他に人生をかけてやりたいこともなかったそうです。

しかし、大学3年生のときに訪れたラオスでバスに乗ったとき、ふと外を見ると、ガードレールもトンネルもない道が続いていて、世界にはこんな国があるのか、と

株式会社熊谷組
土木事業本部

濱 慶子（はま・けいこ）

工学部卒業。平成21年4月株式会社熊谷組に入社、土木事業本部にて設計業務に携わる。平成23年4月より関西支店、施工管理業務。平成24年4月より現職

日々の仕事を積み重ねて、女性でも働けることを証明したい

衝撃を受けたと言います。そのとき、土木を仕事にしよう、と人生の方向性が固まりました。

帰国後、彼女は希望通りゼネコンに就職しましたが、作業服を着ていなければ、とても土木職の女性には見えません。

「土木の仕事に就く」と言ったときにも、周囲には「コンサルや公務員じゃなくて、ゼネコン？」と驚かれました。実際、それまで熊谷組に入社する女性土木技術者は、毎年1人程度だったそう。

しかし、近年熊谷組では、女性限定の採用説明会を開催するなど、会社を挙げて女性の獲得に乗り出しています。

「現場の進捗と一緒に自分も成長できるのが楽しいです。そんな私を見て『自分にもできる』と思ってもらえると嬉しいし、将来的には『女性でも普通にこの業界で働ける』ことを示せるような、ロールモデルになりたいです」

彼女の夢は、「途上国の女性技術者を育てること」。

この目標に向かって、今日も頑張っています。

いまは設計業務を主に
担当しています

まるで雑誌から抜け
出てきたかのよう

以前の現場での一枚。
こんなおどけた一面
もあります

旅行が趣味で、２連休あれば海外に出掛けるほど。最近は国内旅行にもはまっていて、神社やお寺を巡り、御朱印を享けています

好きなことを追い続ければ、必ず得られるものがある

東日本高速道路株式会社
関東支社
遠藤 めぐみ（えんどう・めぐみ）

理工学研究科卒業。平成22年東日本高速道路株式会社に入社。北海道支社千歳工事事務所を経て、平成24年より現職

転勤が多い土木業界において、別居婚を選択する夫婦は珍しくありません。遠藤さんもそのひとり。北海道と大阪の遠距離恋愛からスタートし、単身赴任での結婚生活。結婚と仕事の継続のどちらをとるか、とても悩んだといいます。

最終的に仕事の継続を応援してくれたのは、夫でした。結婚後しばらくして、東日本高速道路㈱で十数年ぶりの中途採用があり、夫は迷わず受験し見事合格。現在も2人の間には100km以上の距離がありますが、遠藤さんにもう迷いはありません。

土木業界では「使い物になるのは

10年経ってから」と言う人もおり、それまでは下積みの毎日。だからこそ、続けることが大事だと言います。

最初の配属先の事務所では、ただ1人の女性技術者でした。入社当初は女性ならではの悩みを誰に相談したらいいのかわからず、とても苦労したそう。

しかし、「私は人に恵まれている」と話す通り、北海道時代の上司は、彼女のために先輩女性技術者に声をかけて「女性技術者の会」を開くきっかけを作ってくれました。

現在は、事務所全体の行程の管理や、予算の管理、地方自治体との協議や調整の仕事をしています。

「つらいことも多いけれど、それ以上にやりがいのある、誇りを持って働ける仕事だと思います。一番の理解者である夫がいてくれて、何より道路が好きなので。でも、まだまだ女性には厳しい業界なので、やめてしまったら二度と戻って来られないと思います。逆に、どんなにつらくても、続けていれば、必ず何かを得ることができると思っています。もっともっと女性が増えてほしいので、もし悩んでいる方がいたら、諦めずに頑張ってほしいですね」

現場の進捗状況を、正確に
記録します

先にこの橋脚部分だけをつくり、
その後、橋げたの部分を一気に乗
せていきます

これからできる高速道路の橋脚が、
地平線の向こうまで続いています

同期の女子２人と
新潟温泉旅行！

夫とグアム旅行へ行きました

「みなさん集合してください！」彼女の一声で、屈強な職人たちが集まってきます。普段は黙々と仕事をこなす彼らの顔が、このときばかりは少し緩んでいるように見えます。

入社以来5つ目の現場で、鉄道の利便性向上事業に携わっています。「笑顔を忘れない」が信条の鈴鴨さんは、どこの現場でも職人さんたちとすぐに仲良くなれるのが、大きな持ち味。今のところ配属される現場はすべて鉄道関連。「鉄道工事は何かと制約が多く、厳しい現場ですが、やりがいがあります」と笑顔を見せます。

鹿島建設株式会社
東京土木支店

鈴鴨 若菜（すずかも・わかな）

大学院都市基盤環境学域卒業。平成24年鹿島建設株式会社に入社、工事係として現場の施工管理に従事

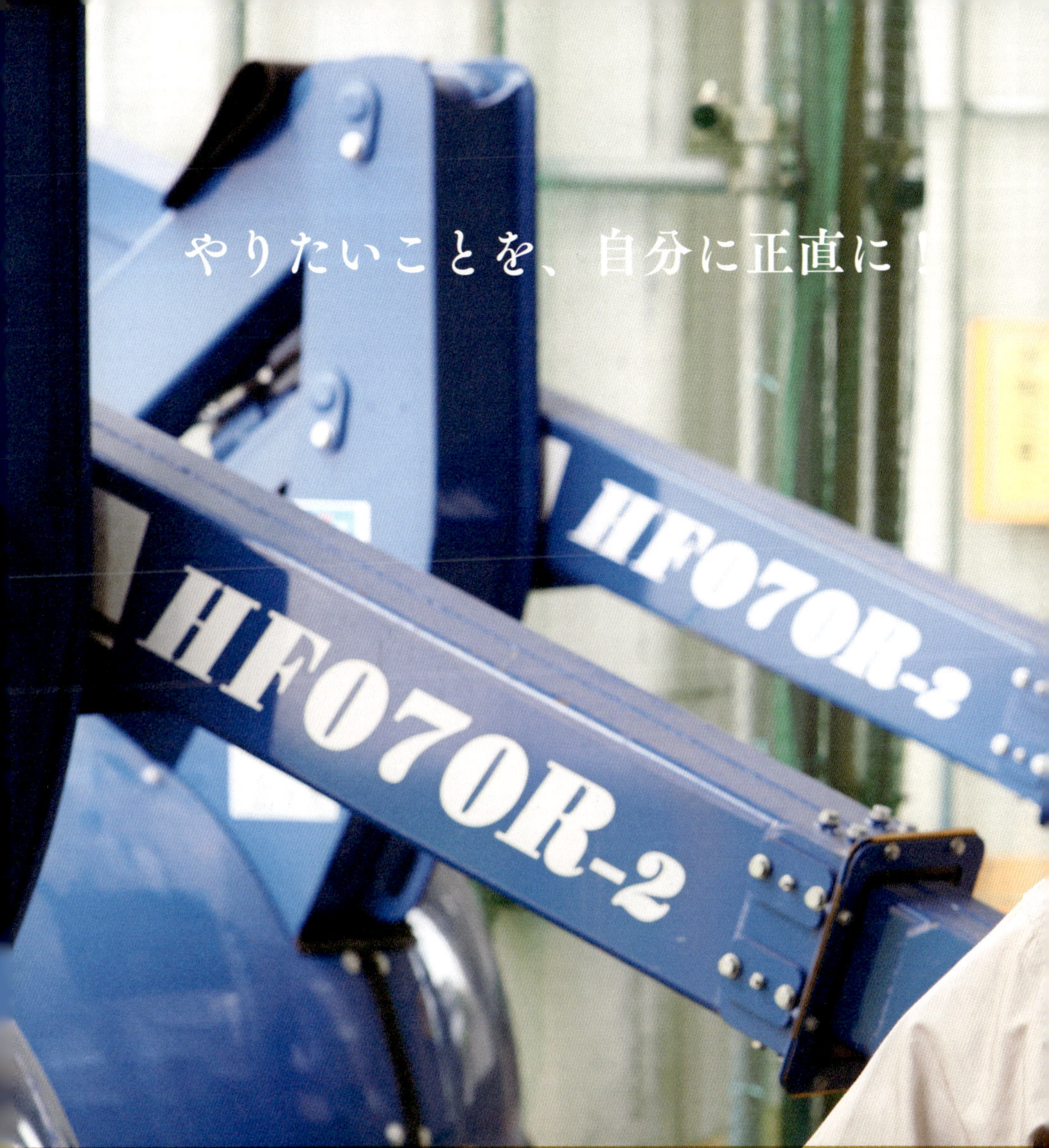

やりたいことを、自分に正直に！

現場に女性がいると何か違うかと聞くと、「やっぱり女性が現場にいると、それだけで華やかになるよね」「俺たちじゃ気づかないようなところにも気を配ってくれるし」と口々に男性陣は話します。元気印の彼女も、さすがにはにかんでいる様子。

しかし、仕事のうえでは男女に差はないと考えています。

「『女だからできない』というのは、違うと思います。自分でブレーキをかけるのではなく、やりたいと思ったことをやり遂げたいですね」

家に帰れば新婚の妻でもあります。

「夫が私の仕事を理解してくれていて、本当に助かっています。現場の職人さんたちにもそれぞれ家庭があって、私も新しく家庭を持ちました。なので、皆が無事に、元気に家に帰れることが私の責任だ、と考えながら、いつも仕事をしています」

〝土木は人〟を体現しているかのような彼女。夢は、子どもや孫と一緒に、自分が造った構造物を眺めることだそう。

そのためにも、まずは女性初の現場所長を目指し、今日も明るく汗を流しています。

ペンホルダー
KAMO

近隣の方々に配慮しながら、工事を進めます

現場の職人さんたちと。厳しい顔つきで仕事をするみなさまですが、普段はとっても優しい方ばかりです

趣味は写真。“撮り鉄”なので、鉄道の現場は大歓迎（笑）夜の車輌基地なんて、ワクワクしますね！

通勤時間は読書の時間。
好きなジャンルは恋愛小説

見返り！土木女子

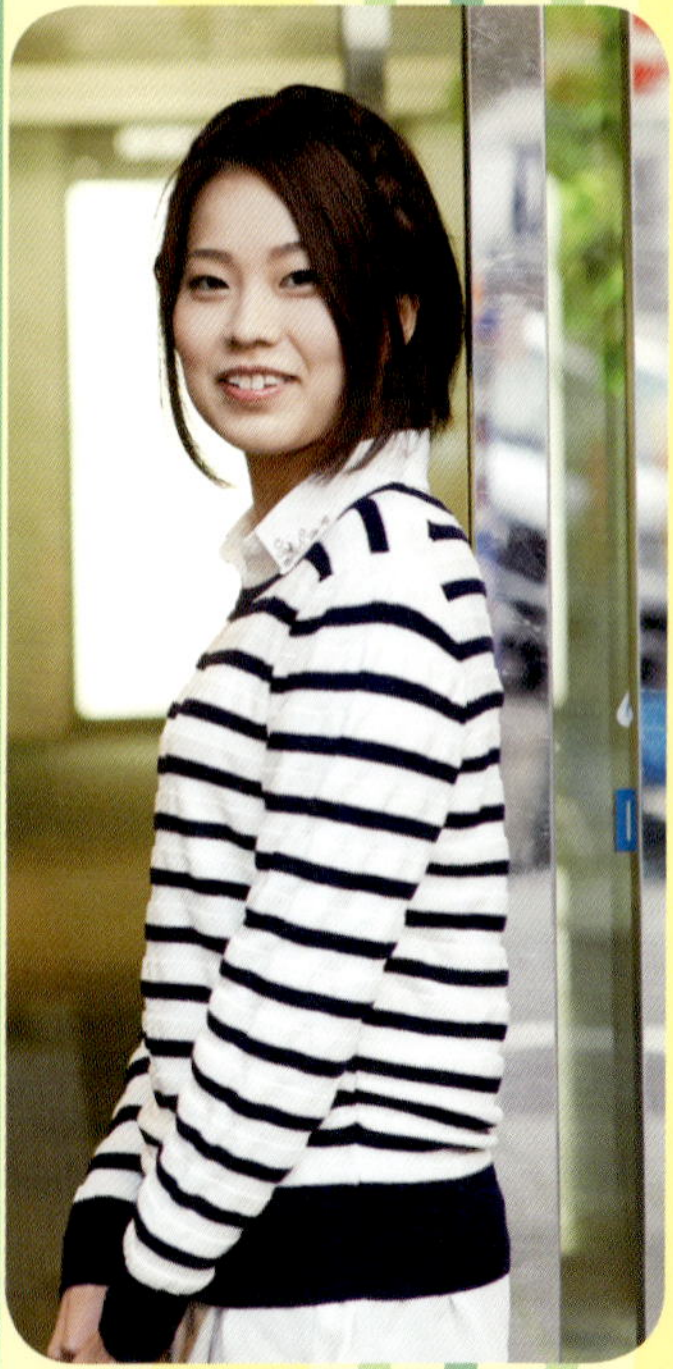

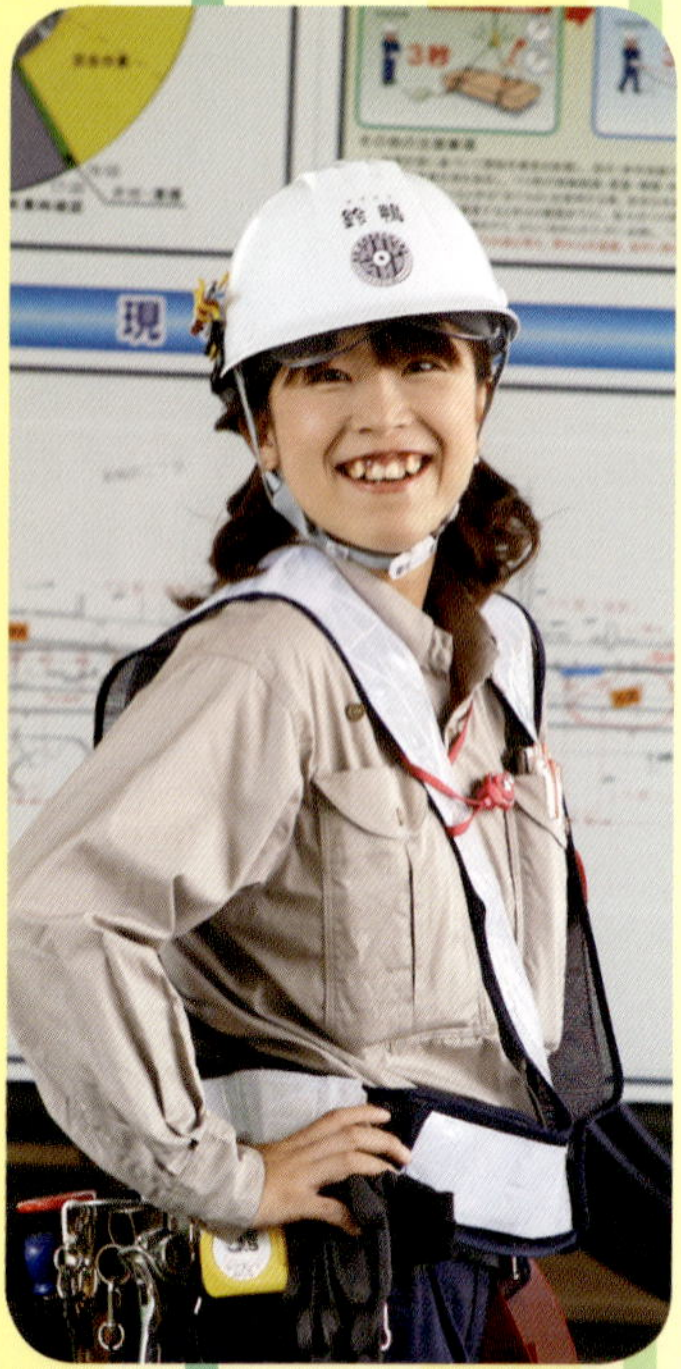
現

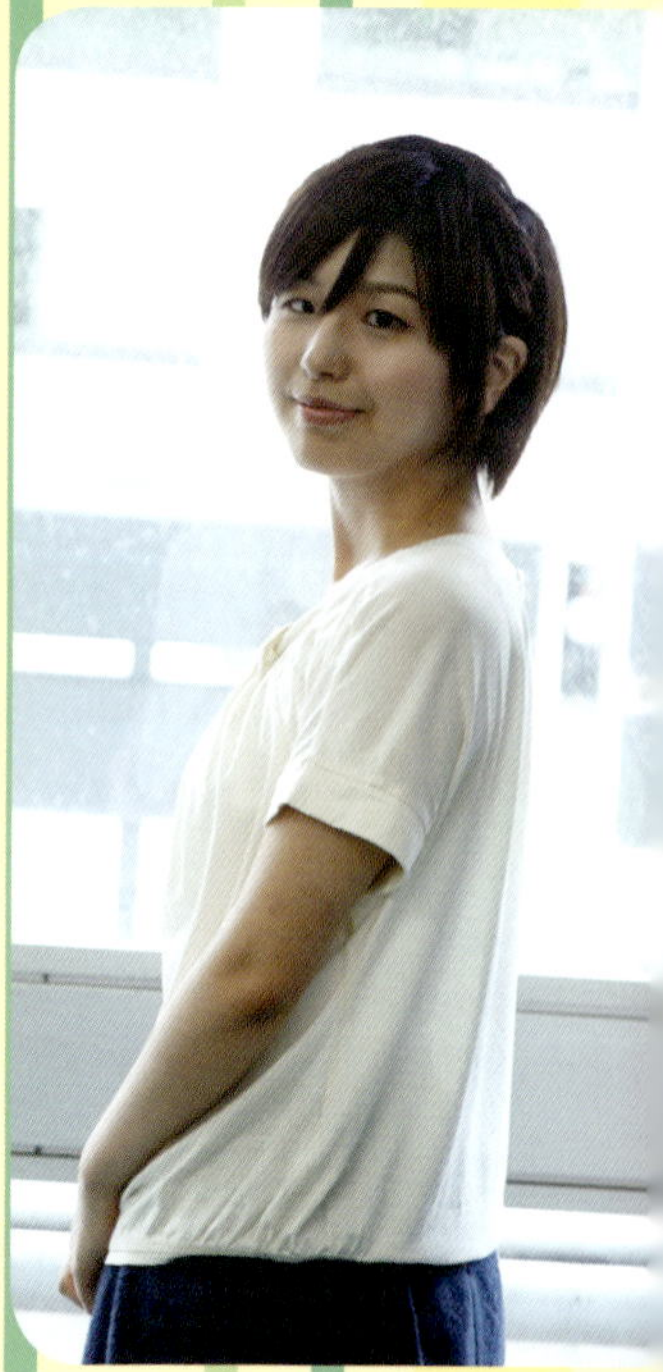

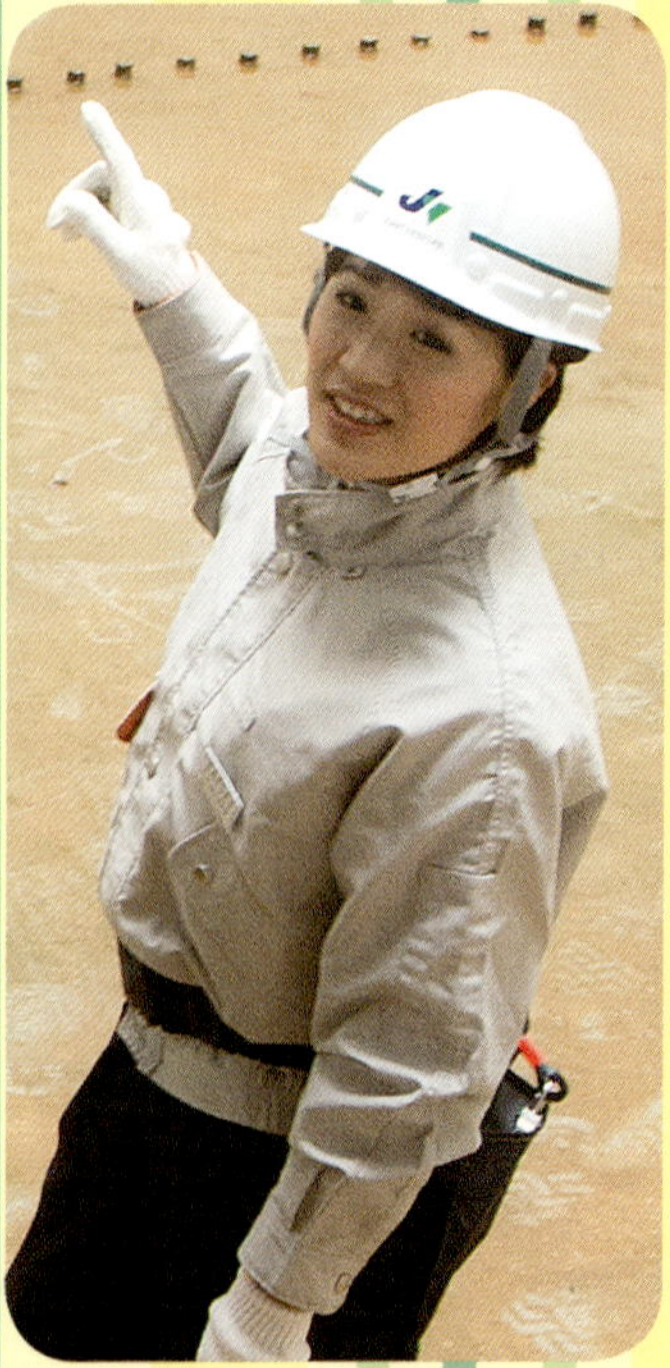

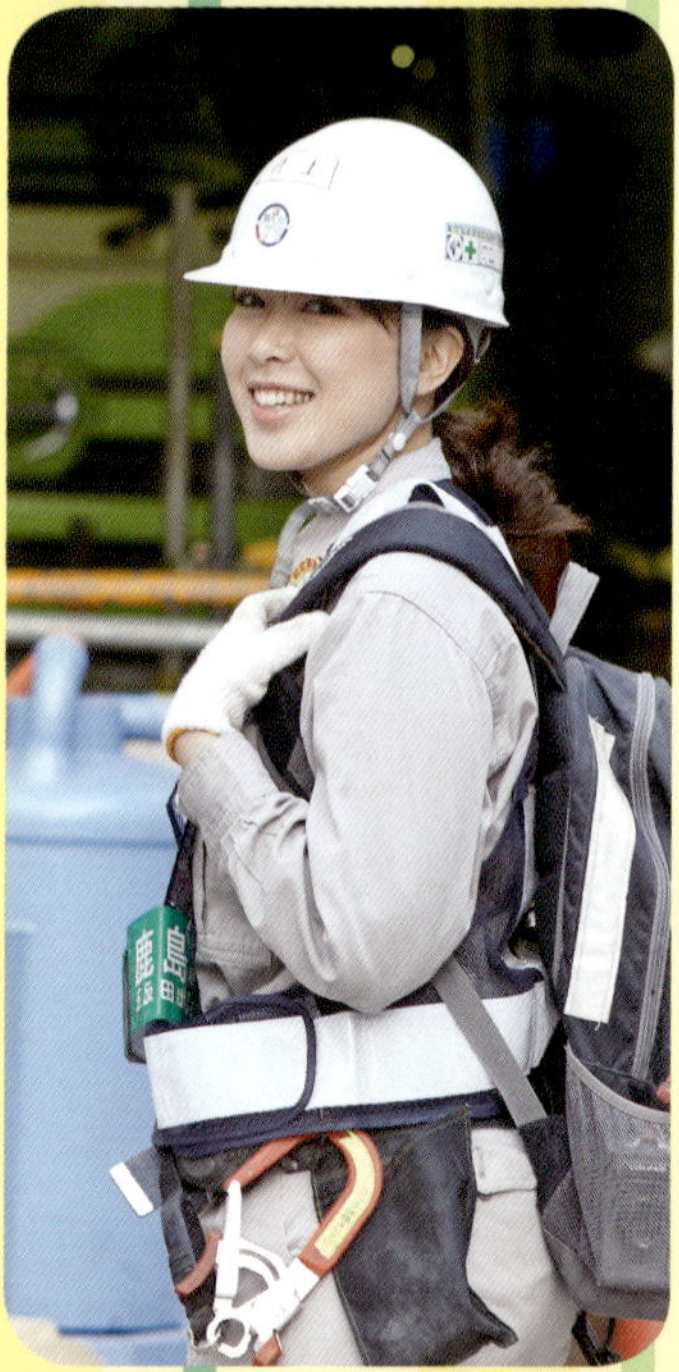
鹿島

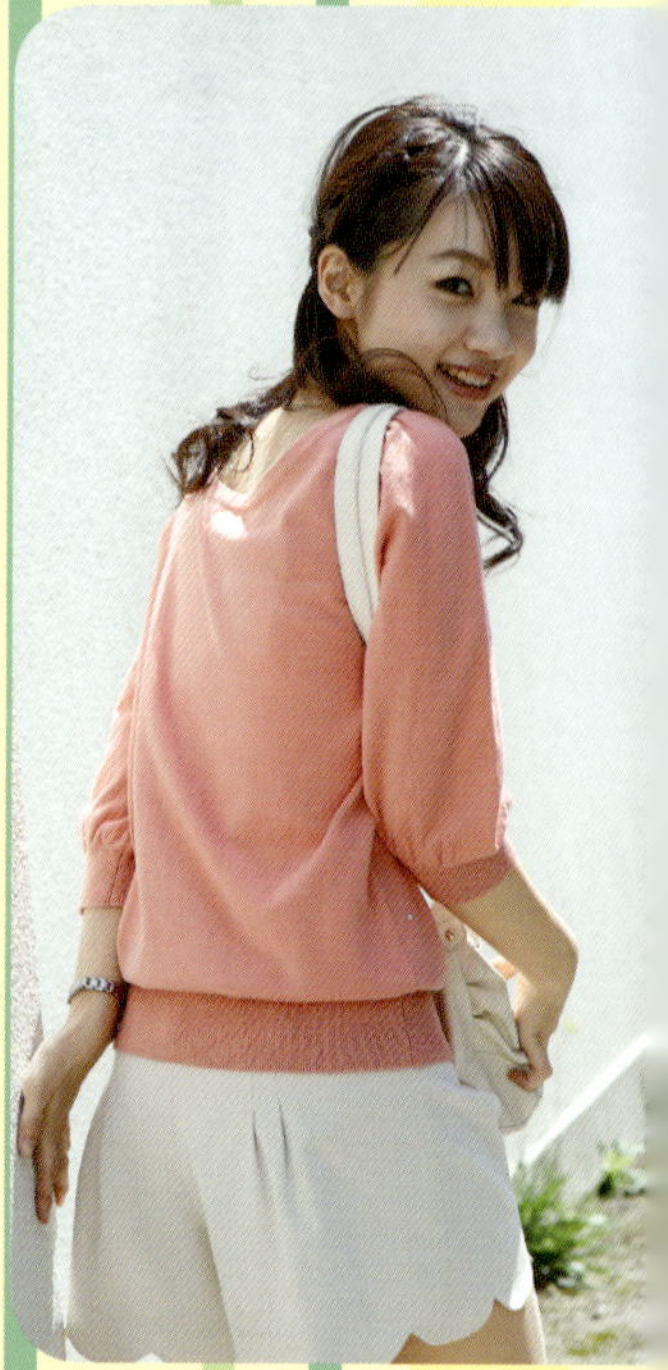

よしまつ

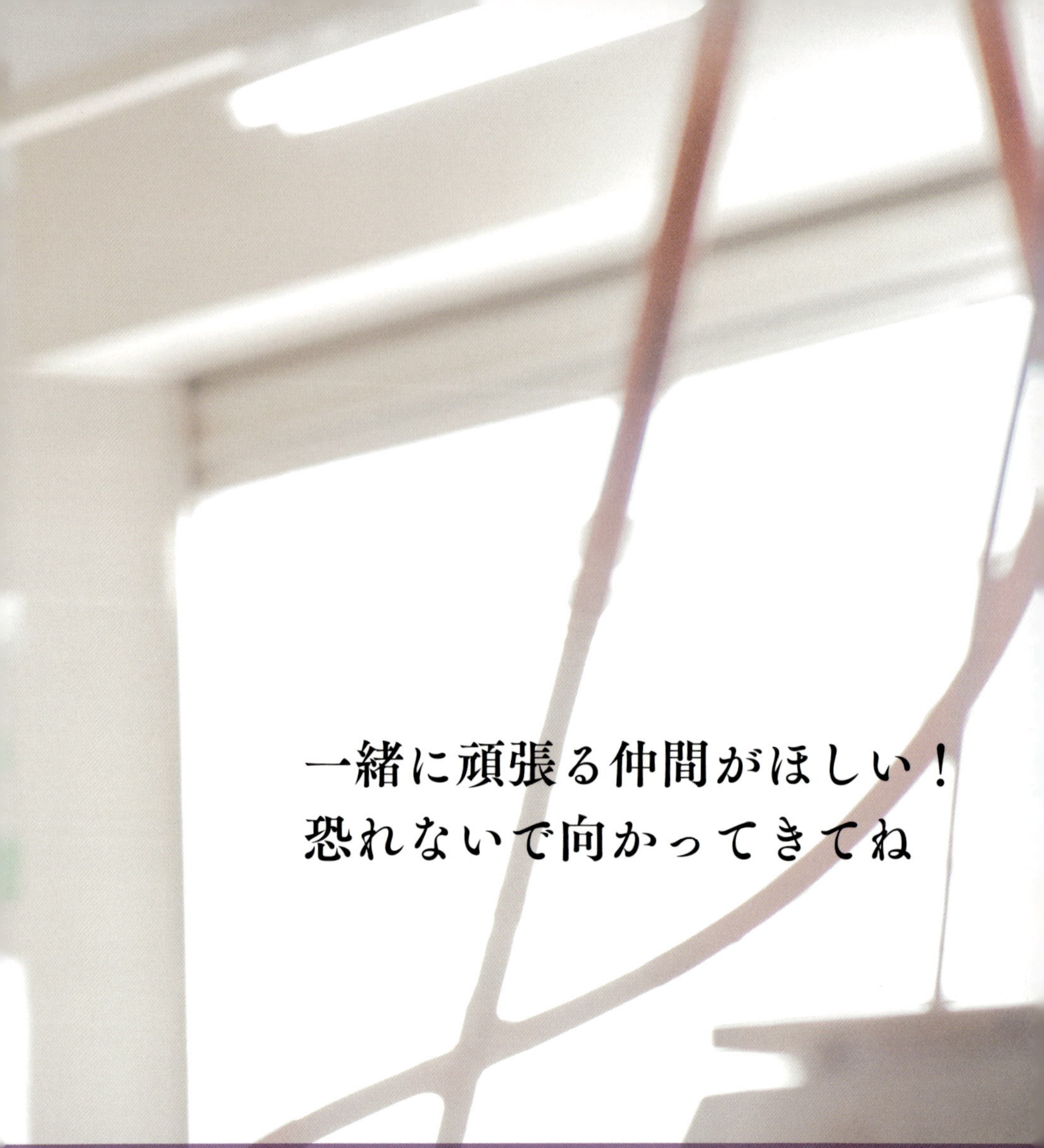

一緒に頑張る仲間がほしい！恐れないで向かってきてね

三井住建道路株式会社
技術研究所
林 政子（はやし・まさこ）

工学部卒業。平成 23 年 4 月に三井住建道路株式会社に入社、工事部にて電線共同溝や公園での工事業務に携わる。平成 24 年度より現職、主にアスファルト混合物の研究開発を行う

以前モデルの仕事をしていたという、土木女子としては異色の経歴を持つ林さん。生来の勉強好きが高じ、就職の際には研究職の道を選びました。道路が大好きな彼女は、毎日、アスファルト混合物の研究をしています。

林さんが働いている三井住建道路㈱技術研究所では、排水性・保水性に優れたアスファルトの舗装も得意としています。道路に水たまりができている光景を最近見かけないのは、この技術のおかげかもしれません。

でも、どうしてアスファルトなのかと聞いてみると、「人の役に立て

るような仕事がしたかったんです。道がなければ、人間は生活できないので」との答え。

新入社員時代に公園の工事を担当したときには、「女性に務まる仕事じゃない」と言われた経験も。しかし、がんばりやの彼女はそんな言葉に負けずに意欲的に仕事に取り組んできました。

将来は営業職につきたい、という夢も持っています。土木業界では、技術職と同様、営業職の女性もまだまだ少ないのが現状です。そんな状況を見兼ねて、女性の進出を助けたいと、大学で講演をしたことも。

「〝土木〟というと、どうしても『3K』のイメージが先行しますが、本当はとてもやりがいのある仕事なんです。これから業界に入ってくる人は、イメージに負けずに向かってきてほしい！」

そんな彼女の趣味は、野球観戦。ご贔屓チームの試合予定はすべておさえているという徹底ぶりです。

趣味に打ち込みながら、資格取得の勉強や、新規事業の研究もする彼女。仕事と趣味、どちらも楽しく頑張っています。

機械を使ってアスファル
ト混合物を圧縮します。
その表情は真剣そのもの

圧力制御部

圧力制御部

おしゃれに音楽、じゃありません。坂本選手、打ったかなぁ……

「なんちゃって。行こ行こ！」

「今日はおごりだからね、お・ご・り」

「もう！　どんだけ待たせるの！」

「おっそいなー。まだかなー。」

着物がよく似合い、着付け講師の資格も保有しているという重中さん。一見そうは見えませんが、関東一円の水資源開発施設を一手に管理する、れっきとした土木女子です。

一般にはあまり知られていませんが、河川やダムの管理も、実は大切な土木の仕事。利根川にかかる巨大な堰※も、腕ひとつであやつります。

「『君ならできる』と、この仕事をまかせてもらっているので、弱音は吐きません。負けず嫌いなので」

そういって笑う彼女は、おっとりした口調ながら、芯の強さを感じさせます。

独立行政法人水資源機構
利根導水総合事業所

重中 亜由美（しげなか・あゆみ）

農学部食料生産環境工学科卒業。平成 20 年 4 月独立行政法人水資源機構に入社、群馬用水総合事業所調査設計課配属。平成 22 年 4 月より豊川用水総合事業部新城支所工事課、平成 24 年 4 月より同調査設計課。平成 25 年 4 月より現職

負けずぎらいに
向いている仕事です

この仕事を選んだ理由のひとつは、工事監督から海外での仕事まで、幅広い業務を経験できるから。群馬用水、豊川用水を経て、現在の事務所で3か所目の事務所だそうです。

転勤があることについて不安はないかと聞くと、すべてがよい経験で、痛手だとは思わない、とのこと。

「家庭もいずれ持ちたいですが、例えば自分に部下ができたときに、きちんとバトンを渡していけるようになりたいと思っているので、いまは仕事を頑張りたいんです。それに、転勤先で友達ができたりと、いいこともあるんですよ」

土木に対する想いも強く持っています。

「土木って、本当にすごい仕事なんです！　いま我々の生活が成り立っているのは、先人がインフラを整えてくれたからだと思っています。反面、土木工事は現場の周辺住民の方々や、自然環境に大きな影響を与えることもあるので、常に想像力を忘れずに、『生活の基盤を作っている』という土木の本質を伝えていくことで、〝土木は汚い〟というイメージを変えていきたいと思います」

堰は全て別々に動かせる
ようになっているので、
水量の調整ができます

この管制室で、各堰の状況や水量などを管理しています

利根導水総合事業所内で一番巨大な利根大堰です。「大きな仕事」と形容されることの多い土木のなかでも、ひときわ大きな仕事のひとつかもしれません

花の季節も、とてもきれいです

水辺に咲く桜。この自然も、
彼女が守りたいものの
ひとつです

着付けが趣味です。
京都東福寺にて会社の同僚と

日焼けした顔に、サバサバとした語り口。作業服がよく似合う、ザ・土木女子の置田さん。現在は高速道路の施工管理の仕事をしています。

人が好き、話すのが好き。まさに土木をやるために生まれてきたような彼女は、現場に配属されて間もない、ほやほやの新人・伊集院さんをとてもかわいがっています。

ただでさえ女性が少ない業界なのに、作業員も含め百数十人規模の現場に2人も女性技術者がいるのは、とても珍しいこと。取材中も、現場のことをあれこれと、嬉しそうに新

安藤ハザマ
関東土木支店

左：置田 彩（おきた・あや）

土木工学科卒業。平成22年安藤ハザマ入社。東北支店管内の3現場を経て、平成25年より現職

右：伊集院 かおり（いじゅういん・かおり）

環境都市工学部都市システム工学科卒業。平成26年安藤ハザマ入社

女性のちからを発揮できる仕事。もっともっと、かかってこいや！

人に教える姉御肌の置田さん。

「もっと『女子だから』っていろいろ言われるかと思っていたけど、思っていたより居心地がいいです」と言う伊集院さんに対しても、「男性ばかりの中に女性がいるなんて大変ですね、とよく言われますが、そんなことはありません。土木業界で働いている女性は相当な覚悟を決めて入ってきているので、厳しくされるくらいじゃないと、男性と差がついてしまった気がして焦るんです」と話します。

置田さんは、東日本大震災の後には、東北の全電力の8分の1を担う火力発電所の復旧作業に携わりました。直接「人の役に立てている」と感じることのできる土木の仕事に、ますます惚れ込んだと言います。

「例えば落ちていたゴミを拾ったときに、『そんなところにゴミあったんや！』とか言われる。きれいな現場は安全にもつながるし、女性ができることはまだまだたくさんあるんじゃないかな」という伊集院さんの言葉に、「女子の力を発揮できる仕事だよね」と相槌を打つ置田さん。

このコンビが現場にどんな変化を起こしていくのか、楽しみです。

現場でも、とても
仲良しな２人

毎朝の朝礼は彼女の役割です

常に危険と隣り合わせの現場。優しいだけではなく、厳しい表情も

このとてつもなく広大な現場の完成を夢見て、彼女たちは日夜頑張っています

趣味のサーフィン

城崎にて

旅行大好き！　パリに行きました

村上さんは、途上国で奮闘するコンサルタント※。開発支援のため、現地政府のスタッフと議論を重ねる毎日を送っています。

　これまで、東南アジア6か国で都市計画の仕事に携わってきました。学生のころからの「途上国で働きたい」という夢をかなえ、世界を舞台に挑戦を続ける国際派〝土木女子〟のひとりです。「昨年結婚したのですが、夫が香港にいるので飛行機に乗る回数が増えました」と笑う彼女。公私共に国際的なライフスタイルがうかがえます。

　しかし、海外を飛び回る生活は体

日本工営株式会社
コンサルタント海外事業本部
村上 望（むらかみ・のぞみ）

工学系研究科修士課程修了。平成21年日本工営株式会社に入社後、途上国で都市計画や経済特区のインフラ関連業務に従事

途上国の人が教えてくれた
大切なのは、笑顔で挑戦し続けること

力的にもつらく、現地調査がうまく進まない時は、ホテルで一晩中考えこんでしまう日もあると言います。

それでも、どんなに厳しい環境下でもエネルギーに満ちあふれ、笑顔を絶やさず挑戦を続けている現地の人々の姿に刺激を受けながら、難しい局面も乗り越えてきました。

「『人生は、クローズアップで見れば悲劇。ロングショットで見れば喜劇』というチャップリンの言葉が好きなんです。日々の仕事は細かい書類の準備や難しい交渉の連続。でも、自分たちの携わった仕事が、何十年もかけてその国の人々の生活を豊かにしていくというドラマを、寄り添いながら見ていきたい」と語ります。

「私は経済的に急成長している国々で仕事をしています。これから早急な開発が求められますが、やみくもにインフラ整備をすればよいわけではありません。現地で人々の声を聞き、文化を理解し、生活の豊かさについて深く考えるようにしています。ステレオタイプな〝土木〟のイメージにとらわれず、柔軟に発想を広げながら、今までにない面白いことに挑戦していきたいと思っています」

ラオス国での調査風景。「大地にゆったりと流れるメコン川を眺めながら、この国の将来に思いを馳せたりしています」

ベトナムでの仲良し夫婦と。「日本に帰ってくると真っ先に空港でおにぎりを買います（笑）」というほど和食好きな彼女ですが、「現地の屋台ご飯も好きで、つい食べすぎちゃうのが悩み」

ミャンマーのヤンゴン市にある鉄道駅。東南アジアの駅の雰囲気、好きです

ミャンマーでのゴルフ。現地では病院に行くことが容易ではないので、休日は身体と心のメンテナンスに気を使っています

上海でのカンファレンスの様子。「各国の実務者と情報交換ができる貴重な機会。状況が目まぐるしく変化している国々では、常に情報をアップデートしていくことが不可欠」

気合いとやる気で夢はつかめる！

有限会社大沢造園
工事部

高村 さやこ（たかむら・さやこ）

短期大学部環境緑地学科卒業。平成22年より有限会社大沢造園でアルバイトを開始、平成23年より正社員として入職

高い木の上、素早い身のこなしで軽々と梯子やクレーンをあやつる高村さんは、造園※の技能者です。

取材時はお寺の境内の樹木の手入れ。作業は数人でチームを組み行いますが、その内容は樹木医補※の資格を持つ彼女が提案しました。

「この子は傷だらけで弱っていたので気にしてたんです。どんなやり方がいいのか、いろいろ考えました。最近街路樹の倒木も増えているので、今後はそれを防ぐ仕事もしたいです」

休日も緑一色。豆盆栽やコケの繁殖が趣味で、好きな食べ物はお米、

漬物、キノコ。惜しみない愛を植物に注ぐ彼女は、自らを〝土木女子〟より〝植木女子〟と評します。

「親戚が造園業をしていたので、小さいころから『かっこいいなぁ』と憧れていたんです。念願かなって大好きな植木と戯れられる毎日。本当に幸せです」

園芸高校から農業系の短大に進み、大沢造園に就職と、明確な目標を持って進んできました。でも、中学生で未来を決めることに迷いはなかったんですか？

「やりたい、と思ったときがやりどきだと思うんです。飛び込んでみたらすごく楽しいかもしれないし、実は合わないかもしれない。機会を逃したら、次のチャンスがいつあるかわからないですよね。だったら、悩んでる時間がもったいないかな」

取材中も常に動き続けていて、本当に体力勝負の仕事。それでも、単純な力作業以外の部分では、男性との差は感じないと言い切ります。

土木業界のなかでは比較的女性が多い職種ではあるものの、絶対数はまだまだ多くはありません。いつの日か、彼女が率いる職人集団を見たいものです。

チームワークが大切な仕事。
今日は「親方」「兄ちゃん」
と組んでいます

土木には細かい資格がたくさんあります。このクレーンを動かすのにも免許が必要

人間と同じように、樹木も傷口に包帯をあててあげます

20キロの肥料を軽々と。よく動くので、食べないとどんどん痩せるそう

家で育てている盆栽ちゃんたち

東亜建設工業株式会社
東京支店

廣瀬 由依（ひろせ・ゆい）

工学部建設学科卒業。平成24年東亜建設工業株式会社に入社、2か月支店に勤務した後、自社船の深層混合処理船“黄鶴”で海上地盤改良工事を行う。平成26年3月より沈下対策工事を担当

「東日本大震災の復興工事をテレビで見て、土木業界に憧れを持ちました」という彼女。それまで異業種にも目を向けていましたが、方向転換して東亜建設工業に一発入社。「運命ですよ！」とカラカラ笑います。

その存在感は採用面接時から大きく、「現場に出たい」という熱い思いは入社後すぐにかなえられました。土木の〝縁の下の力持ち〟なところに惚れこみ、マリコンならではの現場で日々頑張っています。

海洋土木の現場は、風や波の影響を受けやすく、作業は日の出から日の入りまでが勝負。作業の母船とな

“誰にも負けない”の気持ちで夢はかなう！

る深層混合処理船〝黄鶴〟に向かうため、朝4時に家を出ることも。

そんな大変な思いをしながらも、「海の現場はスケール感・解放感が他にはない規模なので、大好きです」と目を輝かせます。しかし同時に海に対する畏敬の念も忘れず、常に緊張感を持ちながら仕事をしています。

「子どもを小脇に抱えて現場にいそう」な豪快キャラの廣瀬さんですが、結婚・出産に関しては、やはり不安もあります。

「仕事の内容に、男女の差はないと思います。でも、出産となると、産休・育休といった制度はありますが、そもそも女性の現場勤務者が少ないのでロールモデルがあるわけではありません。そこは型を気にせず、周りの人たちと相談しながら現場第一線での仕事を続けていきたいと思っています。そのためにも、今は少しでも技術屋として大きく成長できるように精一杯頑張りたいです」

「2020年東京オリンピック・パラリンピックの会場をつくりたい」

「会社初の女性作業所長になりたい」

――たくさんの夢に向かって彼女はまい進しています。

自慢の作業船“黄鶴”です。陸の上にいるように、まったく揺れません

黄鶴までは、小型船で向かいます。いまだに乗り込むときには緊張します

黄鶴での現場見学会

海洋土木の仕事ばかりではありません。雨が降る中のボーリング作業

「今日も無事に仕事を終えられますように」

ときには仲間と飲みますよっ！

"土木の仕事"といえば、例えばトンネルや道路等の工事現場で働く作業員やコンサルタントを思い浮かべますが、そういった構造物の材料提供をするのも土木の仕事です。

熊谷さんは、火力発電所で石炭が燃焼する際に、副産物として生成される"石炭灰"を使った製品（フライアッシュ・クリンカアッシュ）の研究開発や製品供給を行っています。

東北地方では、未だ東日本大震災の傷は癒えず、復興作業が続いています。防波堤の盛土材や、陥没した道路の埋戻し材として、石炭灰製品

東北発電工業株式会社
火力部 環境技術室

熊谷 遥（くまがい・はるか）

生物環境化学工学科卒業。平成 22 年 4 月東北発電工業株式会社に入社、環境技術室にて主に環境管理の業務に従事。その後石炭灰製品の営業・受注生産・出荷・研究業務。現在は上記業務の他、製品の品質試験業務等を行う

※仕入販売物件は除く

こわがらずに飛び込んで！そうすれば、土木の魅力にハマるはず

が使われているのです。

「震災のときは、ライフラインがすべて遮断されてしまい、出勤することができずに気ばかりが焦りました。自宅待機が一週間を過ぎたころ、いてもたってもいられず、上司の車に乗せてもらってようやく出社できました。いまは自分の仕事で復興の役に立つことができて、本当に嬉しいです」

いまでも、土木資材が足りない地域がたくさんあるなか、彼女の目標は、福島復興プロジェクトとして製作した資材「輝砂《きずな》」が地域との絆づくりの役に立って震災復興が進み、一日でも早く人々が笑顔で暮らせるように貢献することです。

また、自分が手がけた研究の成果が実を結び、新たな発注に繋がったこともあるそうで、将来は石炭灰の分野で名前を残す技術者になるのが夢だと言います。

「とにかく何にでも興味を持つことが大事です。昔と違い、いまは女性も土木の分野で十分働ける時代です。触れてみたら、きっと抜けられない魅力があるはず。まずは飛び込んでみることをお勧めします」

取引先との打ち合わせ。
しっかりと話を聞いて、
提案します

東北発電工業

コンクリート試験室で
試験中です

お世話になっている教授に
新製品「輝砂《きすな》」の説明中

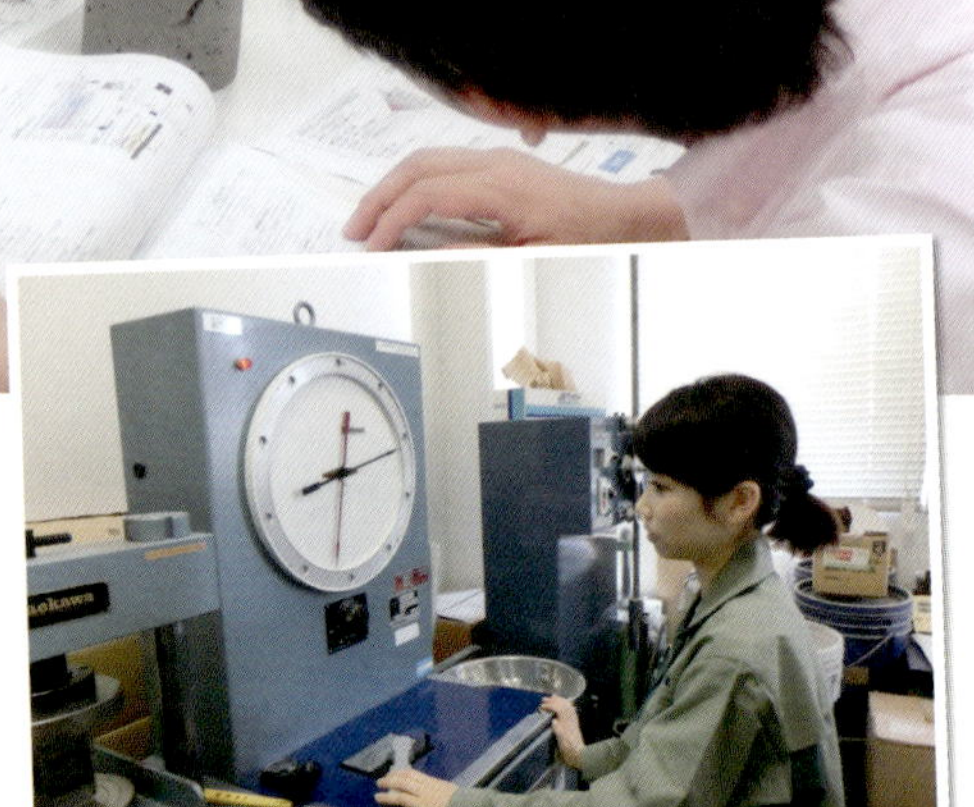

ランチでよく訪れる「ハンバーグレストラン HACHI」さん。「カゴメ ナポリタンスタジアム」で優勝した、全国的に有名なお店です

部署が違う２人の同僚。毎日のようにランチしています

とったどー！！！

動物が大好きです

先輩・後輩土木女子 異業種交流女子会

土木に何ができるのか、考え続ける技術者でありたい

国土交通省
水管理・国土保全局
渡邉 加奈（わたなべ・かな）

平成23年4月国土交通省入省。荒川上流河川事務所、株式会社大林組研修生、東京外かく環状国道事務所を経て、平成25年10月より現職

日本の土木の未来について見通せる場所、国土交通省で働く彼女。今は、近年頻発するゲリラ豪雨等による災害に対して、より適切に対応するための高精度な雨量観測レーダ〝XRAIN〟の整備・運用に携わっています。

大学時代に景観保全やまちづくりの活動に参加した経験から、「人がより豊かに暮らせる環境を創ること、守ることに貢献したい」と思うようになったそうです。

「地元に密着した土木の仕事にも魅力と意義を感じますが、『日本全体』や『世界の中での日本』といった大

きな視点で仕事をできるのは国土交通省ならではの魅力です。様々な人との出会いや豊富な情報に触れる機会に恵まれた今の仕事が楽しいですし、土木の可能性を感じます」

大学時代にお世話になった方の言葉が印象に残っています。

「『一流の役人になれ』と言われたことがあるんです。三流の役人はできない理由を考えられる人。二流の役人はできる理由を考えられる人。そして、一流の役人はそもそも何をすべきかを考えられる人だ、と。『土木に何ができるのか』、その中で『自分に何ができるのか』を常に考え続けられる技術者になりたいと思っています」

〝女性だから〟という言葉を聞くこともありますが、それは仕事への姿勢や生き方には関係ないと線引きをしっかりしています。

「私たちの世代が、土木の世界で女性も普通に働き続けられる多様なモデルを示すことができれば、土木の未来はより明るくなるのではないかと思っています」

打ち合わせは短時間で効率よく

「社会の動きが感じられる仕事」
と胸を張ります

笑顔あふれる！土木女子

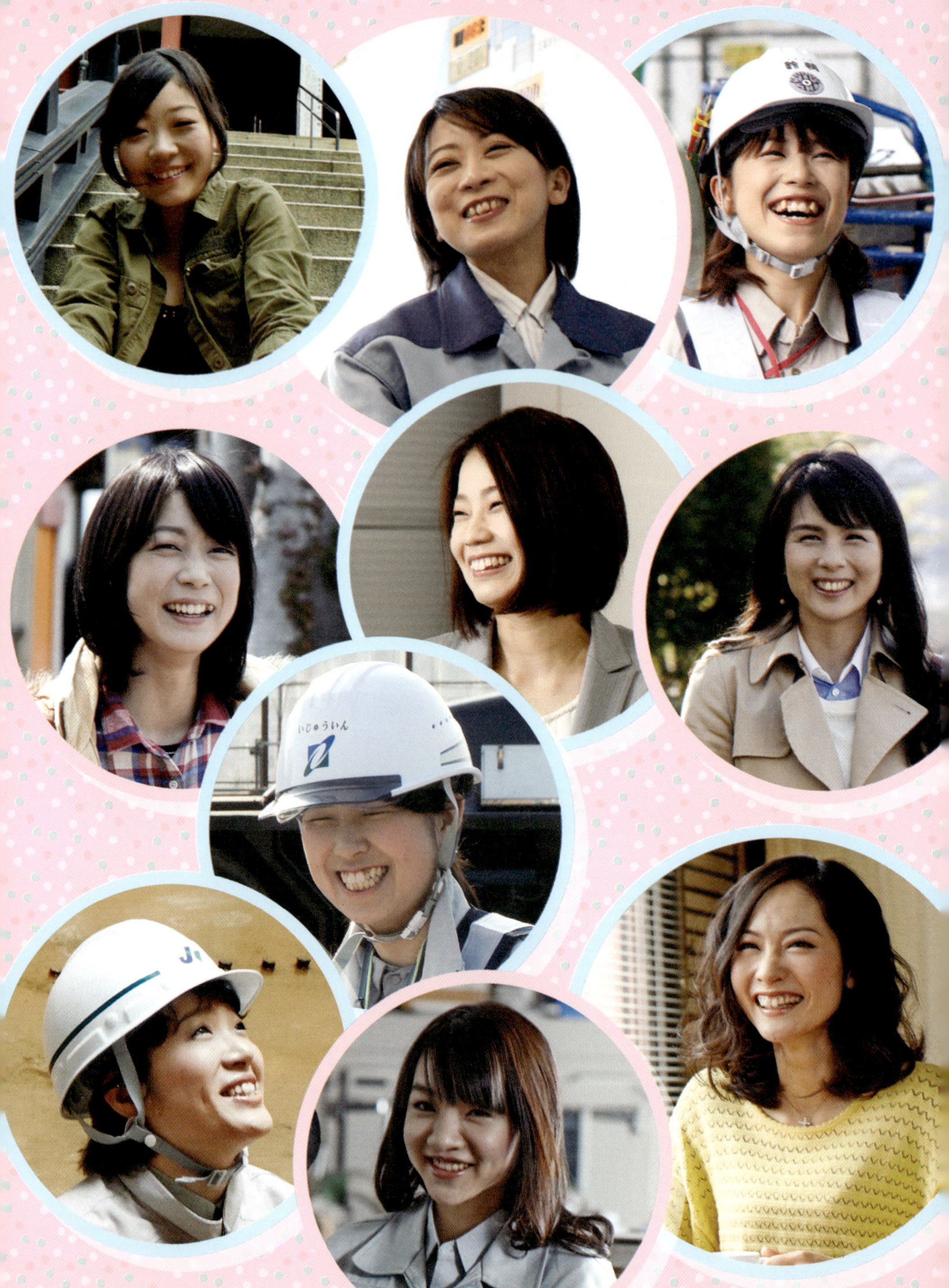

QUEEN PEACH
毎月
TOA

輝け！ 未来の土木女子

協力：たかまつ土木女子の会（どぼじょの会）

近頃、男性中心だった〝ガテン系〟の職業で活躍する女性が注目されています。

土木業界においても、ここ数年「どぼじょ」「土木女子」という言葉が頻繁に聞かれるようになりましたが、この言葉をいち早く会の名前に取りいれ、活動を開始したのが香川高等専門学校※（以下、香川高専）建設環境工学科の女子学生が結成した、「たかまつ土木女子の会」（以下、どぼじょの会）です。

その設立は、まだ「土木女子」「どぼじょ」という言葉があまり世に知られていない平成23年5月のことです。

◆たかまつ土木女子の会とは

「土木女子」、つまり土木工学を学んでいる女子学生の集い。女子学生特有の問題を相談・解決できるような学生同士の交流を図ること、学業や就職活動などへの意識向上を図ること、土木業界のイメージアップを目標として日々活動している。

公式ブログ　http://www.kagawa-nct.ac.jp/ict/kof3000.php?clubno=dobojyo

本書の発刊にあたり、その発足のきっかけや、何を目標として活動をしているのか、どぼじょの会メンバーにお集まりいただき、インタビューをしました。

きっかけは〝情報不足〟

この日のメンバーは、2年生から専攻科2年生までの10名。そのうち専攻科2年の赤松さん・梶野さん・乃村さんと、既に卒業したもう一人の4人で立ち上げたのが、どぼじょの会。「同じ学科の女子が少なくて寂しい！」との思いから始まったそうです。

初代代表の梶野さんが香川高専に入学したとき、全部で167人の学年に女子は16人。しかも、全員が土木専攻というわけではありません。

これだけ女子が少ないと、モテまくって楽しい学園生活……なんていうのはマンガの中のお話で、実際はつらいことがあっても相談できる友達も、話を聞けるような先輩も少ない、という状態で、とてもしんどかったそう。

入学当初、悩みながら学校生活を送っていた梶野さんは、次第に「これから高専に入ってくる後輩女子たちに同じ思いはさせたくない」と考えはじめます。

「そもそも自分自身が、何も情報を持たずに高専に入学するのがとても不安だったんです。実際入ってからも、ここを卒業した女性の先輩方がどんな就職活動をしたのか、どのようなキャリアを積んで、どんな風に生活をしているのかが、全くわからなかった。だから、そういうことを知らせられる活動が何かできないかな、と思っていました」

同時期に、別の場所できっかけをつかんでいたのが、乃村さんです。

「あるフォーラムに参加したときに、〝女性技術者OGの会〟を作って活動している高専OGの方から、日本の女性技術者の進出は欧米より遅れている話や、出産・育児があるので、仕事を続けていくにはどうしても女性はつらい部分がある、ということを聞きました。そこで、現役学生の私たち自身も情報不足に悩んでいるという状況があったので、卒業してからのOGの会以前に、香川高専で在学生の会を作れないか、と考えていたときに、どぼじょの会設立の話を聞いたんです」

赤松さんも、二つ返事で参加したそう。

「4人で始めたどぼじょの会が、いまはこんなに後輩も増えて立派な活動を続けてくれているので、自分たちの思いが引き継がれている、と思うと嬉しいです。あのとき声をかけてくれた3人には、ものすごく感謝しています」

高専女子発展のために…

このようにして始まったどぼじょの会は、い

梶野 愛美　さん
“未来の土木女子”への一言
「レッツ、土木女子！」

乃村 智子　さん
“未来の土木女子”への一言
「つながりあって、助け合いましょう」

赤松 紋奈　さん
“未来の土木女子”への一言
「人と人とのつながりを大切に、よりよい日本を作りましょう」

まま数多くの活動をしてきましたが、そのなかでも代表的なものが、中学生向けの活動です。

特に力を入れたのが、女子中学生向けの学科紹介パンフレットの作成です。「自分自身が情報不足に悩んだ経験から、例えば〝高専はどんなことをする場なのか〟〝卒業後はどんな道に進むのか〟が一目でわかるようなパンフレットがあれば、後輩たちの力になれると思ったんです」と梶野さんは言います。

せっかく高校とも大学とも違う独自の学ぶ環境があるのだから、ただ漫然と入ってくるのではなく、学べる内容を知ったうえで夢を持って入ってきてほしい、という思いも伝わってきます。

実際に香川高専に入学する女子学生の数も増えているらしく、学校見学などのイベントでもパンフレットは大好評だそう。なかには「どぼじょの会があるから見学に来ました！」という女子も。これには「やった！　と思った」という梶野さんですが、「でも、まだ第一歩。この活動を継続していくのが大事なんです」と話します。

次期会長・4年生の岡田さんは、「私が入学したときの先輩方は完璧で、それこそ神様のような存在でした。その神様に、『こういう会があるから入ってみいひん？』って言われてから、気が付けばもう4年。いよいよ創会期の先輩方もいなくなるし、気を引き締めていかないと」と頼もしく語ってくれました。

つらい＝楽しい！　の源泉

どぼじょの会では、パンフレット作成などの活動以外にも、地元の中学生等を対象とした実験教室やOG講演会、バス見学ツアーなど、地域に密着した活動も行っています。学校見学等

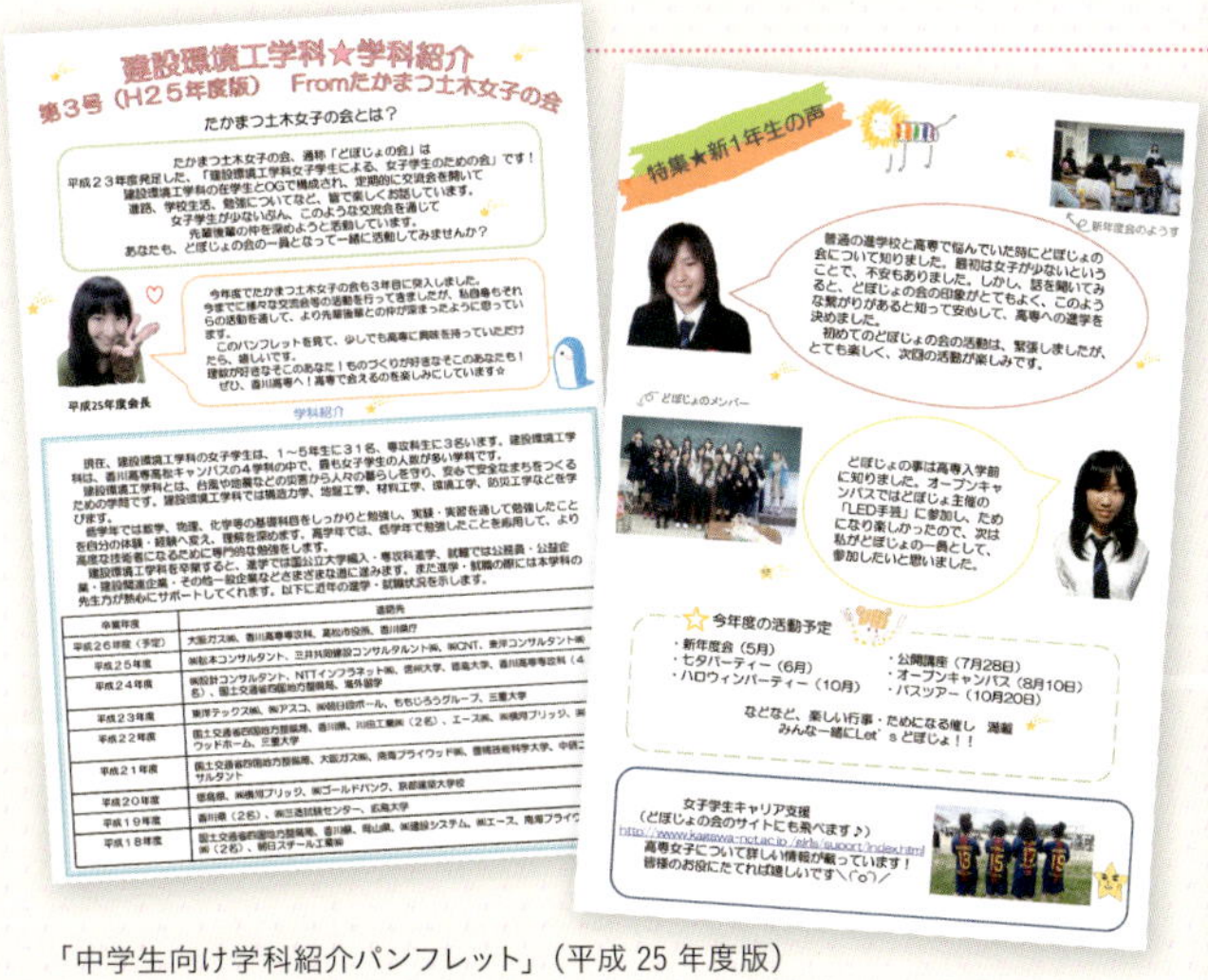

「中学生向け学科紹介パンフレット」（平成 25 年度版）

「どぼじょと、うまげなコンクリート創ってみんまぃ?」というイベントで作ったコンクリートの野菜

「かいにみてんまーい!」という学科主催の土木施設見学バスツアーでの様子

での受けの良さもあって、学校行事にもしばしば駆り出されるそう。

　また、全国9高専（函館・仙台・群馬・富山・明石・奈良・呉・香川・有明）による「全国高専女子学生の連携による高専女子ブランド発信プロジェクト」に参加し、全国の高専女子との交流をするだけでなく、『高専女子百科』と『高専女子百科Jr.』も中心メンバーとして製作しました。

　前者は企業の担当者向けに高専女子の魅力をアピールするもの、後者は中学生向けに“高専”という場を知ってもらうために作成したパンフレットです。パンフレットは二冊とも、学生が作成したとは信じがたいほどのすばらしい出来栄えで、高専女子のポテンシャルの高さがうかがえます。

　しかし、そういった外部向けの活動も大切ですが、それのみに傾倒するのではなく、当初の目的である会員間での情報交換や活動の比率を増やしていくような試みも、今後行っていくそうです。

　それにしても、メンバーはそれぞれ他の部活動等と掛け持ちをしながら参加しているので、時間的な面などいろいろとつらいことはないかと聞いてみると、皆一様に「つらいことと楽しいことは一緒ですね」との答え。

　自分たちのやってきた活動が、全国の技術者・高専生、更には小中学生にも注目されて、大きな反響があるため、産みの苦しみが大きかった分、嬉しさもひとしおなのだと言います。

　そんなスーパーウーマン揃いのどぼじょの会の面々ですが、交友関係が気になるという普通の女子高生らしい悩みや、トンネル・ダムに興奮してしまう、「やっぱり土木女子」な一面も。

　そして周囲の方々の活動への協力・理解の重要性についても話がありました。

　まだまだ数が少ない土木系の女子学生。活動していくうえでも悩みがつきませんが、どぼじょ

小林 由佳　さん
“未来の土木女子”への一言
「一緒に土木をして、イケメン女子になりましょう」

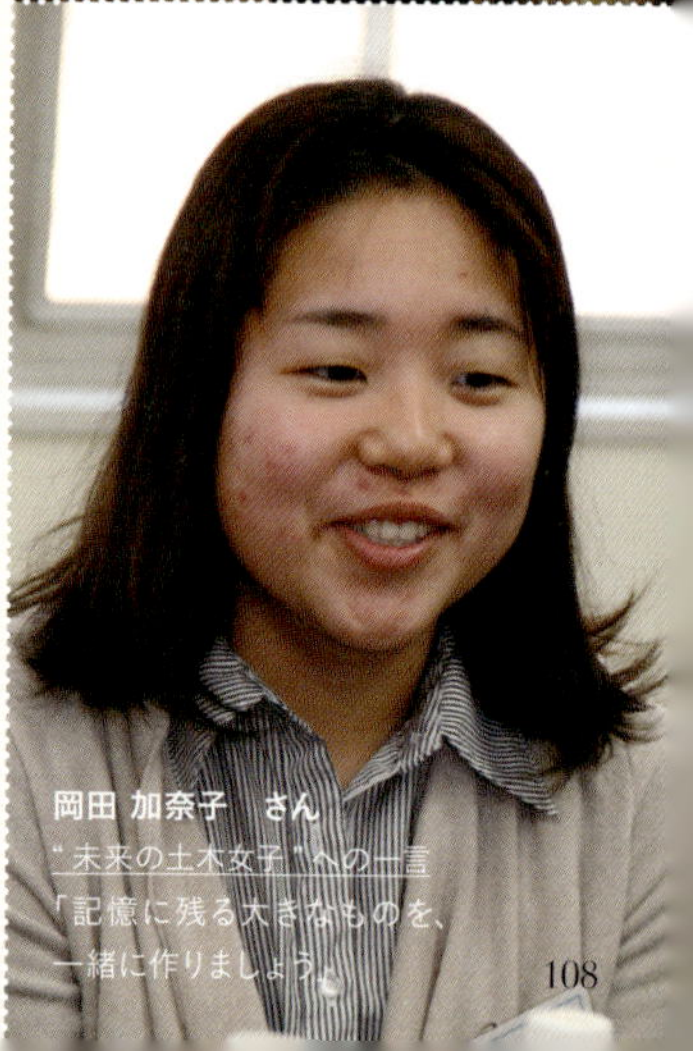
岡田 加奈子　さん
“未来の土木女子”への一言
「記憶に残る大きなものを、一緒に作りましょう。」

森 亜由奈　さん
"未来の土木女子"への一言
「一緒に構造物を見て、
キュンキュンしましょう」

中井 都由　さん
"未来の土木女子"への一言
「地震等に勝てるような
街づくりをしていきましょう」

村上 恵実　さん
"未来の土木女子"への一言
「好きな構造物について、
いつか一緒に語り合いましょう」

の会設立時からサポートしていただいている顧問の先生方は、心強い存在であるとのことです。

広がる「どぼじょ」の輪

香川高専ではいま、電気系や機械系などの他の学科でも、どぼじょの会のような団体を作りたい、という動きがあります。学科間の交流も活発で、分野を超えてお互いを高め合うなど、どぼじょの会で始まった小さなムーブメントは、いまも拡大を続けています。

「平成25年度高専女子フォーラムin四国」（平成26年3月開催）でも、数々の発表で成功をおさめ、ますます勢いを増すたかまつ土木女子の会。その先には、一層面白い未来が待っているに違いありません。

最後に、どぼじょの会の神、梶野さんから一言。**「あなたも　レッツ、土木女子!」**

小林 恭子　さん
"未来の土木女子"への一言
「一緒に頑張りましょう」

本津 見桜　さん
"未来の土木女子"への一言
「経験をシェアしましょう」

「平成25年度高専女子フォーラムin四国」での
発表の内容と、どぼじょの会紹介ポスター

土木女子への道

土木女子になるためには、どんな勉強をすればいいの？
なった後には、どんな仕事をするんだろう？

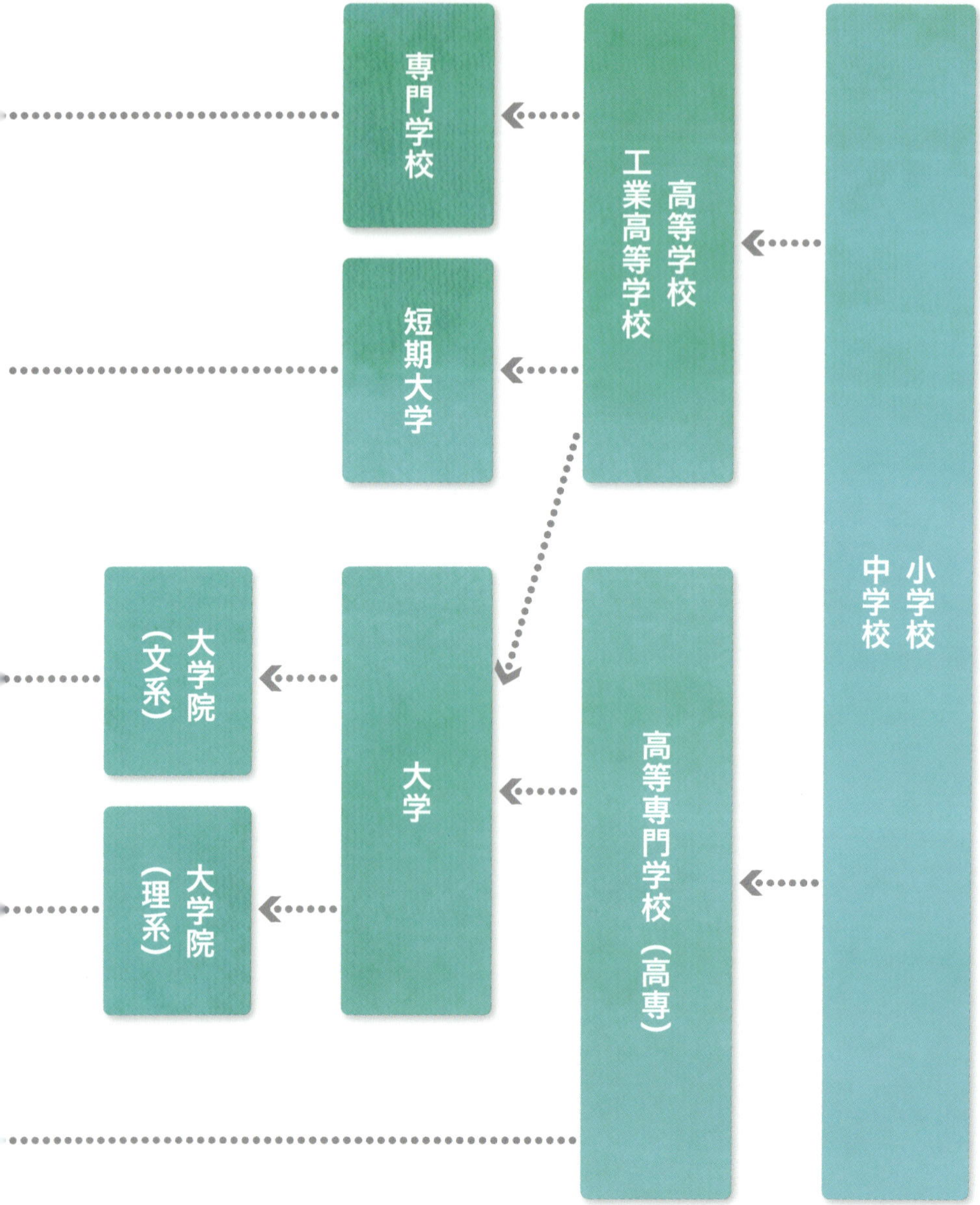

土木の仕事をするには

土木関係の仕事をするには、おおまかに分けて４つのルートがあります。

❶ゼネコン等に就職し、技術者・技能者、研究者、設計者等として現場・研究所等で働く

❷鉄道、道路、ガス等のインフラ関係の企業に就職し、発注者側として働く

❸建設コンサルタントとして、建設プロジェクトの実現可能性調査、設計、工事監理等のマネジメントの仕事をする

❹国土交通省、各県県庁等に就職し、行政担当としてまちづくり等の仕事をする

♠資格を取得していれば（取得見込みがあれば）、文系の学部出身でも道は拓けます。

♠設計職希望でも、トンネルや橋梁の設計をする土木設計職への道があります。

♠研究職希望であれば、大学等の研究機関や資材開発企業への就職の道もあります。

※技術者とは
大学卒相当の能力のある者で、道路、橋、トンネル、河川等の土木施設の計画・設計・施工管理等の技術を要する仕事に従事する者のこと。

※技能者とは
仕事に関係する特殊な技能資格等を有する者のこと。

ゼネコン、発注者、コンサルタント、行政等へ就職

ゼネコン等

P6 村上さん　P12 西面さん
P16 吉松さん　P20 小松さん
P26 武藤さん　P40 青井さん
P46 濱さん　P54 鈴鴨さん
P68 重中さん
P74 置田さん・伊集院さん
P90 廣瀬さん　P112 下嶋さん
P116 永目さん　P119 須田さん

研究者

P62 林さん　P94 熊谷さん

発注者

P36 松本さん　P50 遠藤さん

コンサルタント

P80 村上さん　P113 永井さん

行　政

P32 片山さん　P100 渡邉さん

技能者

P84 高村さん

等

こんなとこにも土木女子！

独立行政法人 水資源機構 筑後川局
下嶋 みか子 さん

仕事の内容
ダムの工事監督・管理・設計

トンネル・道路と並んで〝地図に残る仕事〟のひとつであるダム。これも、立派な土木の仕事です。

ダムは、治水・利水・砂防等を目的として河川を堰き止める構造物です。ダムに関わる仕事は、水資源機構や国土交通省、ダムを管理する自治体や電力会社のような組織が行っています。

下嶋さんは、水資源機構で設計・施工から管理まで、ダムに関わるすべての仕事をこなす技術者です。現在は、筑後川の水を福岡都市圏等に供給する導水路及び調整池（ダム）の管理を担当しています。

もともと建築に興味があり、次第に「地図に残るような大きな建造物をつくりたい」と思うようになったといいます。そのときに出会ったのがダムでした。ダムにもいろいろな種類がありますが、なかでもフィルダム（天然の土砂や岩石を盛り立てて築くダム）がお気に入りだそう。

働きはじめてからは、出身地の福岡を離れて岐阜県に勤めたこともありますが、小学生のころから「大人になったら仕事を思いっきり頑張りたい」と公言していた下嶋さんは、そんな状況をまったく苦にしていません。同じ業界で働く夫も転勤が多く、結婚してからも一緒に過ごした時間はわずかです。

しかし、仕事に誇りを持っているので、そういう生き方でもいいと思っています。お互いの仕事を尊重し、「老後を一緒に過ごそうね」と話しているそうですが、なかなかできない決断です。

また、休日は子どもとキャッチボールをするなど思いっきり遊びますが、かといって、「仕事の時間を割いて子どもとの時間をつくろう」とは思わないそう。どちらも下嶋さんにとって大切なものなので、いろいろな人に助けてもらいつつ、両立できるよう頑張っています。

そんな下嶋さんの夢は、ひとつのダムの設計から管理まで、すべての工程に関わること。これまで、福岡県・小石原川ダムで設計業務、岐阜県・徳山ダムで施工業務、福岡県・山口調整池（ダム）で管理業務を経験してきました。

最初の勤務地である徳山ダムが完成し、水が貯まっているのを見たときの感動が忘れられないそうで、これまでの経験を生かし、自慢できるダムをつくりたいと言います。

しかし、現在のところ、水資源機構では様々な業務を経験させたいという人材育成の観点から、ひとつの現場に最初から最後まで関わるのは、実質ほぼ不可能だとのこと。

かなわないかも、とは思いつつも、下嶋さんは設計を担当した小石原川ダムへの転勤希望を出し続けています。「希望は毎年出しています。これ以外の夢はありません」と断言します。

これほどまでに人をひきつけるダム。土木のダイナミズムを伝える、魅力的な仕事のひとつです。

仕事は真剣に

現在管理している山口調整池

建設中の徳山ダム

地震などによる大規模災害が起こった際に、真っ先に駆けつけるのが地域の建設業者だということは、意外に知られていません。

　重機を使った障害物の撤去等の初動作業から、その後の復旧作業に至るまで、建設業者は地域のために必死で作業にあたります。

こんなとこにも土木女子！

日本データーサービス株式会社　企画部
永井 登茂美 さん

仕事の内容
都市・地域計画策定支援、地域施策検討　など

永井さんは、北海道に本社を置く総合建設コンサルタント会社で地域施策の検討などを行っており、最近では災害に強いまちをつくるための仕事も手掛けています。

　北海道では冬季の降雪は日常茶飯事で、大雪になれば災害を引き起こすことも。そこで、道路の幅を広くする、堆雪スペースをつくる、融雪設備を設置するなど雪国ならではの工夫を盛り込み、そもそも雪害に強いまちづくりを進めてきています。近年、地域住民との話し合いで冬に暮らしやすいみちづくりを進める取組みも行われており、永井さんはそのお手伝いをした経験があります。

　また、地震の多い地域では、建物の耐震化を進めるための計画づくりや防災意識の向上のための取組み、地域住民との話し合いによる地域防災マップの作成なども行った経験があるそうです。

　このような仕事で活躍する永井さんですが、この仕事を始めたのは、偶然だったと言います。

　新卒でハウスメーカーに入社し、その後、設計事務所に転職しましたが、結婚後、契約社員になったことを機に、建設業から離れようと考えました。休職中に日本データーサービス㈱のデータ入力のアルバイトに応募したところ、なんと建設業。これも何かの縁だと思い、働き続けています。

　アルバイトから契約社員となり、一級建築士の資格を取得。その後、出産を経て、技術士の資格をとって正社員に。現在は2人の子どもを育てながら女性管理職として働いています。

　現在の職場は、上司の理解がある働きやすい環境だと言いますが、結婚・出産を機に退職する女性が多いことは事実なので、男性以上の努力をし、強い意思をもって仕事に取り組む姿勢を見せていく必要があると感じています。

　そういう永井さんは、「仕事と子育て、両立したくて四苦八苦しています」と言いながらも、母親になることで精神的に強くなれた経験から、後輩には若いうちの結婚・出産を勧めています。

　自身も、これからやりたいことが山積。これまでは企画立案までを中心とした仕事でしたが、今後は、ものづくりまで含めた一貫した仕事や地域に密着した具体的な事業を手掛けたいという夢を持っています。

　また、一般的にPRがヘタだと言われる建設業のなかで、女性ならではの感性を活かして、建設業の意義を女性や子どもたちに伝えていきたいとも思っています。

　地域に密着して、とことん地元を愛せる仕事。大切な土木の仕事のひとつです。

住民とのワークショップ時の様子

土木女子のおひるごはん

体力が物を言う土木女子のお仕事ですが、
彼女たちのパワーの源、気になりますよね？
社員食堂・仕出し弁当・そして、愛情たっぷりの
手作りお弁当。これを食べれば百人力。
う〜ん、おいしそう！

お弁当

安藤ハザマ　置田 彩 さん

「所長が採ってきた筍を、筍ごはんにしました！
季節のものをとり入れて作っています。」

社員食堂

株式会社大林組　吉松 千尋 さん

「社員食堂は3つあって充実しています！
今日はミニかつ丼と和え物です。」

お弁当

愛知県　片山 愛 さん

「栄養素の詰まった雑穀米を使って、野菜もたっぷり。
バランスのよい食事を心がけています。」

社員食堂

東日本旅客鉄道株式会社　松本 立子 さん

「昼ごはんは、ほぼ毎日職場の方々と社員食堂で
食べています。今日はとりの照り焼き。」

お弁当

清水建設株式会社　西面 志保 さん

「手軽にパッと作れて、彩りのよいものを詰めるように
心がけています。」

お弁当

大成建設株式会社　小松 祥子 さん

「お弁当はみんなで一緒に食べています。
現場や家族の話をして、ホッと和むひと時です。」

お弁当

株式会社熊谷組　濱 慶子 さん

「お弁当を作れるときは、なるべく作るようにしています。もっと彩りよく作れるようになりたいです。」

お弁当

東北発電工業株式会社　熊谷 遥 さん

「たくさん食べたいので、量は多めで野菜をいっぱい摂るように心がけています。」

お弁当

独立行政法人水資源機構　重中 亜由美 さん

「お弁当では積極的に野菜を摂るようにしています。この日は蒸し野菜をたっぷり詰めました。」

仕出し弁当

鹿島建設株式会社　鈴鴨 若菜 さん

「最近の仕出し弁当は女性向けもありますよ。その名もレディース弁当！（笑）」

お弁当

三井住建道路株式会社　林 政子 さん

「母の手作り弁当です。毎日お弁当を作ってくれる母には、とても感謝しています。」

お弁当

ミタニ建設工業株式会社　青井 志帆 さん

「早起きが苦手な私は、昨日の晩ごはんの残りや冷凍食品など、簡単なものばっかりです（笑）」

お弁当

株式会社ネクスコ東日本エンジニアリング
武藤 由里菜 さん

「夏バテ防止に、ゴーヤをメインに作りました。お弁当の時間が楽しくなるように作っています。」

お弁当

東日本高速道路株式会社　遠藤 めぐみ さん

「富山の実家から送られてくる野菜と、母の手作り梅干しが、私の元気の源です。」

土木女子の一日

酒井工業株式会社
永目　有さん

AM8:30

出社

ぎりぎりの出社…
ごめんなさい！

AM8:45

営業部ミーティング

いかにして自社の強みをアピールして案件を取るか。
大きな仕事の受注を目指して、まずは地道に策を練ります。

AM10:30

資料作り

申請書の作成や積算を行って、入札前の資料を作ります。
数万円の差で他社に負けてしまうこともあるので、真剣！

初めて自分が一から関わった案件を落札できたとき。部署の方々と、朝まで飲み明かしました！
お酒大好き土木女子です。

受注祝いに社長が買ってきてくれたケーキ

PM0:00

お昼ごはん

踏査や申請書の提出等で外出することも多いので、たいていひとりで食べます。昼休みの社内は消灯しているので、真っ暗な中で食べていたりします（笑）

PM3:00

おしゃべりタイム。
今は電子入札が主流なので、システム作業の合間におしゃべり。開札の瞬間はとにかく盛り上がります！

PM4:00

再び資料作り

現場踏査の結果もふまえて、再度資料作り。やっぱり、橋梁などスケールの大きい仕事は興奮します！技術者の方々との調整もしながら進めていきます。

PM7:00

帰宅

仕事もとても楽しいけれど、趣味の時間もちゃんと取りたい。残業をしない日を決めて、メリハリをつけています。

今日も一日、お疲れさまでした！

早く帰れた日は自分で作ります。圧力鍋でのおかず作りがマイブーム。

PM2:00

現場踏査※

入札予定の現場に向かいます。小学生のときに阪神淡路大震災を経験し、その復興の様子を見てから、憧れはじめたこの仕事。父には反対されましたが、自分の仕事で人々に安心な生活を送ってほしい、という使命感があります。

リップクリーム・飲み物・日焼け止めは、土木女子の必需品！
これは某キャラクターの小物入れ。つらい現場でも癒されます♡

土木女子の一日

番外編

会社行事でイカの夜釣りに
行きました。
が、船酔いで完全グロッキー
化粧くずれどころじゃない…

社内結婚をされた方々の
祝賀会も企画しました。
とっても仲良しな職場で
す。

わが社の土木女子 S
これからも増える予定
です！

休みの日は夫や友人、会
社の方々とツーリング・バ
ンド・ライブ等を楽しんで
います。

なぜかたそがれる
先輩女子…

俺のハーモニカを聴け！

「SAKAI BAND2013」とい
うバンド名で、コピーバン
ドイベントのライブに出演
しました！

profile

永目　有（ながめ・ゆう）さん

酒井工業株式会社
営業・企画部
申請書の作成・積算業務を
年間約 100 件行っています。

全国の土木女子に一言
**「これからの土木界は
女子が引っ張るぜ！」**

先輩に聞く！ 土木女子のDNA

鹿島建設株式会社
土木管理本部
須田 久美子 さん

中央環状品川線五反田出入口工事事務所副所長。茨城県出身、夫・娘・息子の4人家族。1982年に土木総合職で鹿島建設に入社。技術研究所、設計部門を経て2007年より圏央道橋梁工事を担当、2009年より現職。「土木技術者女性の会」に所属し、女性の職業選択や就職支援のための活動を継続中。ウーマンオブザイヤー2009も受賞している。夢は、所長になること！

土木界で働く者であれば、必ず名前を聞いたことがあるであろう〝土木女子〟がいます。

須田久美子さん。1982年に総合職として鹿島建設に入社して以来30年以上業界に身を置く、土木女子のパイオニアです。

2008年にはウーマン・オブ・ザ・イヤーを受賞され、取材も数多く受けられていますが、とても気さくな人柄の持ち主。インタビューには、作業服姿で登場されました。

—作業服姿ですが、今日は現場に行かれていたんですか？

いえ、好きなんです、作業服。できればずっと作業服でいたいくらい。でも、現場じゃないときに着ていると、「あれ今日どうしたの」なんて言われちゃうので、いい機会だと思って、今日着てきちゃいました。

—鹿島建設の作業服は、シックでかっこいいと、一部で人気ですよね

そうですね。このデザインになってから、普通に電車や飛行機に乗れるようにもなりました。日本全国、これで行けます。

女性が出張に行くと言うと、「着替える場所がないから」という理由で断られることが結構あったんです。でも、この恰好で出かけて、「お気遣いなく、更衣室は必要ありません」と言って、バリバリ仕事をする。そうすると、なんだ、普通に仕事できるじゃないか、俺たちと一緒だ、ってなって、次からは普通に呼んでもらえるんですね。

—今までの土木女子としての苦労がにじみ出ていますね……。就職活動の際も、ずいぶん苦労されたとのこと

私が就職活動をしていた当時は、男女雇用機会均等法もまだ制定されていなかったので、「男子学生に限る」という募集が当たり前の時代でした。

なので、業界には数えるほどしか女性はおらず、私も大学の教授に推薦書を書いてもらって、ようやく入口に立つことができたんです。

内定の報告に伺うと、教授に「10年は勤めろよ」とだけ言われました。

後から知ったことですが、その教授は大変時間をかけて、何葉にもわたり素晴らしい推薦書を書いてくれたそうなんです。そこまでしてくれたのだから、言われた通り10年は勤めよう、という気持ちが大きかったですね。

—初めて現場に出られるまでの道のりも長かったそうですね

結局25年かかりました。

ゼネコンに入社できたのはよかったものの、当時はまだまだ女性を現場に出す時代ではなく、最初は技術研究所で修業ということでした。

やってみると研究も面白くて、案外楽しく仕事はしていたんですけど、長くいればいるほど責任ある仕事も任されるようになってきて、余計に研究所から出られなくなりました。

いま考えると、生まれるのが少し早過ぎたということなんでしょうね。

教授に言われた10年をがむしゃらに頑張って、そこからさらに5年が過ぎたあたりで、このままずっと現場に出られないのだろうかと、ふと虚しくなってしまった時期があって。

このままでは終われないなと思い、「このまま研究を続けるにしても、他の部署も経験してみたい」とお願いしたところ、「設計部門なら」ということで、2年経ったら研究所に戻る約束で、設計部門に異動させてもらうことができました。

設計部門は面白かったですね。1年目に羽田空港・D滑走路の桟橋構造の床版設計のチームに入り、2年目に圏央道・裏高尾橋の設計を担当しました。

—この裏高尾橋の現場を担当したのが転機だったとか

そうなんです。裏高尾橋は、当時としては珍しい上下部一括方式の工事で、耐震設計の難しい橋でした。

研究所では長い間、橋脚の耐震性向上技術をテーマに実験的な研究開発を行ってきましたので、地震のときに構造物がどんなふうに壊れるのかが想像できます。だから、「その現場のことが一番わかっている設計者に現場で直接指揮してもらったほうがいい」ということで、念願かなって現場に出ることができました。

当時のいろいろな部署の上司同士が相談してくれたようで、とても感謝

建設中の裏高尾橋

しています。

—裏高尾橋は平成23年度PC技術協会賞（作品賞）、平成24年度　日本コンクリート工学会賞（作品賞）を受賞されていますね

20年以上の技術研究所での経験があったからこそ、賞をもらえるような特殊な橋や構造物に関わることができたんだと思います。

そういう意味では、こういう経歴をたどったいまの人生が一番良かったんだな、と思っています。

—土木女子はポジティブな方が多いのですが、そのなかでも特に前向きな気がします

そうですか。自分自身が解決できないことで悩んでも時間がもったいないし、自分の頑張りで解決できるところからやっていこう、といつも思っています。

確かに楽観的な部分もあって、困難にぶつかっても「何とかなりそう!」と楽しく乗り越えてきました。

学生時代にちょっとだけ現場でアルバイトしていた時に「天職だ!」と感じた気持ちに支えられていると思います。

—アルバイトをしていたんですか?

はい、2か月半ですけどね。当時はいまでいうインターンシップはなくて、大学でアルバイトを斡旋していました。それも「男子学生に限る」募集でしたが、一年生のときから先生にお願いし続けて、三年生のときにようやく工事現場に行けることになったんです。

そのときの現場にはご夫婦で働いている方もいて、家族的でとても雰囲気がよかったので、「こんな職場で働きたいなぁ」と強く思いました。目の前で構造物が出来上がっていく様子に感動したのを覚えています。

—よく、土木は運命共同体、という話を聞きます

そうですね。でも、実は現場は一匹狼の集まりなんです。各々がそれぞれの理想を追求する専門家。だからといって誰かを仲間外れにするなんてこともないし、いろんなことを考えている皆が同じ方向を向いたときが、とても気持ちいいですね。

—女性が入ることで、現場がきれいになったり、まとまったりするとも言われていますね

最近はどこの現場も、以前に比べればだいぶきれいになってきているのですが、確かにそういうところもあります。私は裏高尾の現場で、近隣住民の方に「女性がいると話しかけやすいね」と言われました。

この現場では、女性限定の見学会をやったときが面白かったですね。「女の子が来るぞ」って、みんな新品の作業着をおろしてきたんだけど、晩秋にもかかわらず夏服しかなかったみたいで、震えながら作業をしている人もいたりして、ほほえましい情景でした。

しかも、裏高尾橋は桟橋が2段になっているんですけど、上の部分しか見学しないよ、と言ったら、職員も作業員もみんないかにもそこで仕事があるんで

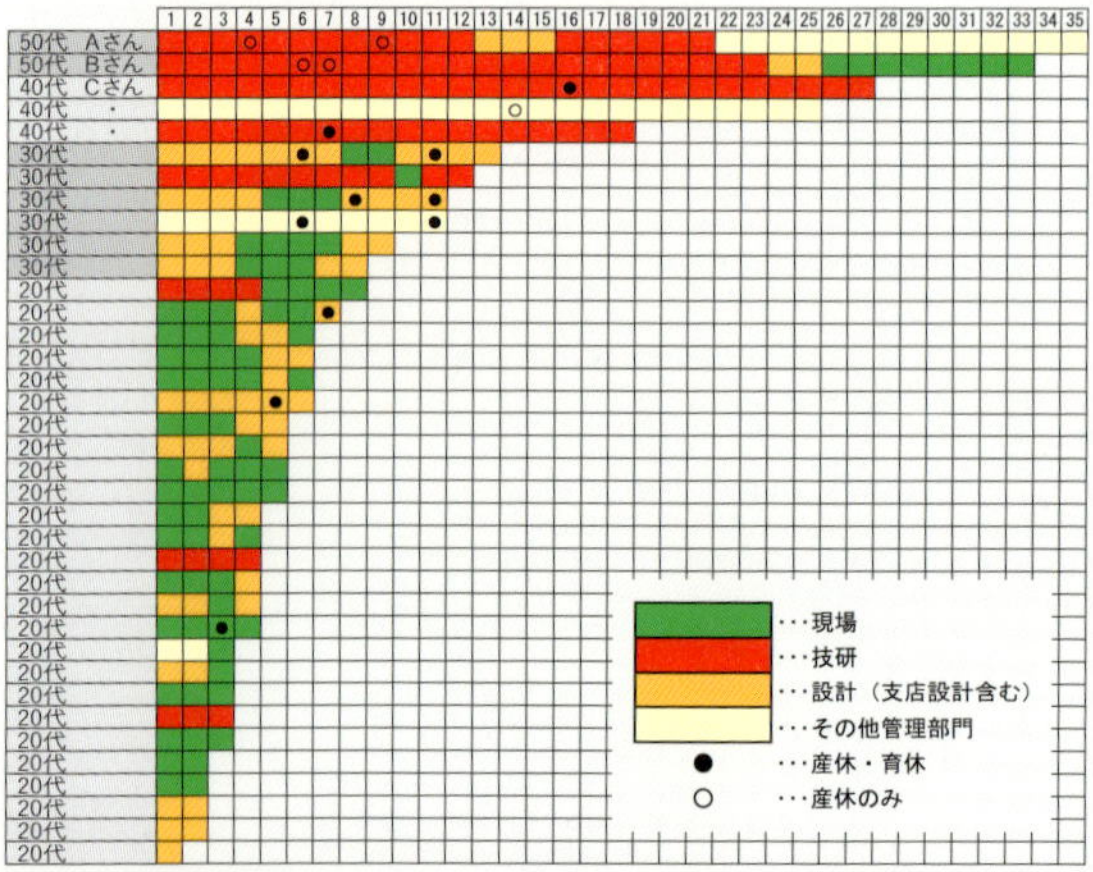

鹿島建設で働く女性技術者のキャリアパス一覧。
入社後すぐに現場に出る女性が増えていることがうかがえる

学生時代、アルバイトをしていたときの須田さん

す、っていう風に集まってきました。

土木の仕事をしている人は、見た目がいかつい方が多いのですが、こんなかわいい一面も持っているんです。土木の現場のことを、いろんな人に知ってほしいですね。

—PTA活動等を通して、土木の魅力を伝えていると聞きました

ついつい断れずに、保育園から高校までずっとPTA役員をしています。

PTAはいろいろな職業の父母が集まる場なので、話を聞いていると、とても面白い。役員仲間にさそわれて、キャリア教育のお手伝いをしています。

特に土木界は、指導者である学校の先生方もよくご存じなくて、興味を持った女子学生がいても、「大変だよ」とブレーキをかけられてしまうようです。

—PTAの活動もされていて、土木技術者女性の会でも、運営委員として土木の面白さを伝える活動をされていますね

土木技術者女性の会は、鹿島建設総合職女子第一号の、天野玲子さんに連れられて行ったのが最初です。「議事録をとりなさい」と言われて、嫌々ついて行ったんですけど、ここで刺激的な出会いがたくさんありました。

「一回きりの人生だから、やりたいことを我慢するなんてもったいない」という考えの人がいっぱいいて、仕事のために結婚や子どもを我慢するのも、もちろんその逆も、何も我慢する必要ないと言われて、びっくりしましたね。

実は、入社当初は、結婚もしたいし子どももほしいと思っていたけれど、無理だろうな、と感じていました。それが、土木技術者女性の会の半分以上の方が結婚・出産後も仕事を続けていたので、もしかしたら自分もできるかもしれないと、先輩の生き方から学びました。

もっとも、仕事と家庭を両立できたかと言うとできないというか、皆に協力してもらってようやく続けてこれた、というのが正直なところです。夫にも子どもたちにも、随分助けてもらいました。

—ウーマンオブザイヤーを受賞されたときに表彰式で、とても家族仲が良い姿が目撃されているので、きっとすてきなロールモデルなのでしょう。これまで業界を引っ張ってこられた須田さんですが、後輩の土木女子たちに一言エールをいただけますか

一言で言うと「継続は力なり」ですね。最近は、自分の性に合っているかいないかですぐに会社を判断して辞めてしまう方が多いみたいですが、ここでやっていくと決めたら続けてみないと、面白さにも何にも気付けずに終わってしまうと思います。

だから、たとえ今は自分がやりたいことと違うことをしていると思っても、やり続けることで夢に近づけるんだよ、ということを伝えたいです。

私自身、大学の教授に「10年は続けろよ」と言われて、やり続けたことが身になっていると感じます。自分がその時間を過ごしてきて、そう感じます。

女性には、結婚や出産など、乗り越えなければいけない時期があります。だからこそ、女性の場合は3年ではなく10年をひとつの単位として続けることが大事かな、と思います。

10年続けようと思うと、多少のことではやめられないので、相当気合が必要になります。それくらいの気合があれば、本質に近づけると思います。

＊“土木技術者女性の会”とは

正式名称：一般社団法人 土木技術者女性の会（The Society of Women Civil Engineers）
会員数：205名（2014年4月現在）
1983年1月に約30名で発足。2013年11月に一般社団法人格を取得。
女性土木技術者特有の問題をきめ細かく取り上げ対応していくことや、女性技術者の質の向上と活動しやすい環境作りを目標に、次のような目的を掲げて活動しています。

- 土木界で働く女性技術者同士のはげましあい
- 土木界で働く女性技術者の知識向上
- 女性にとって魅力のある、働きやすい土木界の環境作り
- 女性土木技術者の社会的評価の向上
- 土木技術者を目指す女性へのアドバイス

2013年1月31日に公益社団法人土木学会より発行された『継続は力なり―女性土木技術者のためのキャリアガイド―』の編集にも協力しています

データからみる土木女子

建設業に占める女性の割合

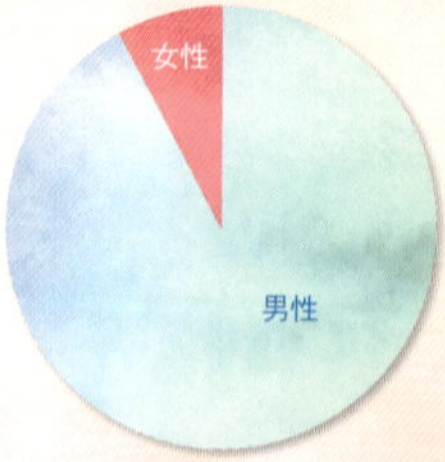

平成 22 年の国勢調査によると、建設業の従事者は約 447 万人で、そのうち女性は約 67 万人です。建築分野に進む女性も多いので、“土木女子”の数はもっと少なくなります。

建設に関する資格

多くの土木女子が、このような資格を取得して働いています！

♣多くのプロセスに関わる資格

- APEC エンジニア
- 技術士、技術士補※
- 建築士（一級、二級）※
- シビルコンサルティングマネージャ（RCCM）
- 土木学会認定土木技術者
- 博士

♣主として保守運用プロセスに関わる資格

- 公害防止管理者※
- コンクリート構造診断士
- コンクリート診断士
- ダム管理技士
- 土環境監理士
- 土木鋼構造診断士、診断士補

♣主として企画プロセスに関わる資格

- Project Management Professional（PMP）
- VE リーダー（VEL）
- 医業経営コンサルタント

♣主として計画・設計・調査プロセスに関わる資格

- 環境アセスメント士
- 気象予報士※
- 計量士（環境計量士、一般計量士）※
- 港湾海洋調査士
- 地すべり防止工事士
- 情報処理技術者※
- 生物分類技能検定
- 測量士、測量士補※
- 地質調査技士
- 土壌汚染調査技術管理者※
- 土地区画整理士※
- 土木施工管理技士（1 級、2 級）※
- ビオトープ管理士

など

（※印は国家資格、公益社団法人土木学会発行『継続は力なり』より引用）

他にもいます、○○女子！

♣リケジョ

理系女子の総称。

♣設備女子会

一般社団法人建築設備技術者協会による会。建築設備に関心のある女性は誰でも無料入会可。

♣東京川ガール

東京学芸大学の学生による、「東京から川の魅力を発信し、川のファンを増やすこと」を目標に活動している団体。

♣防災ガール

災害大国日本の若者の防災・減災意識を高めるために、若者の生活や思考に近づき、わかりやすく防災・減災に関する情報を発信するサービス。

♣狩りガール

女性ハンターのこと。全国に約 18 万人いるハンターのうち、女性は約 1,500 人（平成 21 年度）。

♣農ガール

農業に従事する女性のこと。

女性が輝く日本へ！

女性活用に向けた国と業界の取組み

東日本大震災からの復興需要をはじめ、2020年東京オリンピック・パラリンピックに関連した大型プロジェクト等により、かつて落ち込んでいた建設投資が拡大傾向にあります。しかし、人手については特に鉄筋工、型枠工など技能労働者が不足している状況にあり、現在、建設産業界を挙げて将来の担い手を確保・育成する動きが進められています。特に力を入れているのが、女性の活用の促進。政府が打ち出した成長戦略の中核には「女性が輝く日本」が掲げられています。男女共同参画会議が取りまとめた報告書によると、女性の潜在労働力342万人が就業すれば、雇用者報酬総額が約7兆円（GDPの1.5%）増加するとの試算も。

女性の活用に向けた、国土交通省と業界団体の取組を、以下にまとめました。

♣国土交通省の取組み

国土交通省は建設産業団体5団体と平成26年4月24日、建設業への女性の入職促進や就労継続等に向けた環境整備を推進すべく、女性の担い手確保を建設業の国内人材育成・確保策の柱の一つに位置づけ、女性技術者・技能労働者を5年以内で倍増を目指すことについて申合せを行った。さらに、8月22日には「もっと女性が活躍できる建設業行動計画」を策定し、女性の採用、登用、技術や技能の向上、働きやすい職場環境の整備など、具体的な戦略を明らかにした。また、建設産業活性化会議が6月26日に公表した中間とりまとめにおいても、中長期的視点に立ち女性のさらなる活躍を促進することが示されたが、この具体策として、国土交通省は6月より、女性技術者の配置を入札参加要件とする工事を試行する取組みを開始した。女性技術者を配置した現場には、女性が働くために必要な施設や設備につき協議により実費を計上できるほか、女性技能者の積極的な現場従事が確認できた場合は、工事成績で加点し、女性の感性を活かしたきめ細やかな施工と品質向上を図ることとしている。

♣建設産業団体の取組み

日本建設業連合会では、3月に策定した女性技能労働者活用方策及び同アクションプランに基づき、女性現場監督の拡充、「なでしこ工事チーム」の設置など6項目への取組みを開始した。

全国建設業協会では、平成26年度の事業計画において「女性の活躍の場の拡大等」を重点事項に位置づけており、女性技術者が交流する全国ネットワークを構築するとともに、女性の活躍応援フォーラム（仮称）を設置する。

全国中小建設業協会では、若手の雇用促進の一環として女性技術者や技能労働者の活用につき会員企業に周知徹底を図り、女性がいても違和感のない職場作りや意識の改革を図る活動を進める。

建設産業専門団体連合会では、在学中に資格を取得して建設業に入職した方に対する助成制度であるスキルアップサポートにつき工業高校等への働きかけを強化し、女性利用者の割合を高める等の取組みを進める。

全国建設産業団体連合会では、人材の確保・育成は喫緊の課題であるとして、女性が働きやすい労働環境の整備について作業部会を設置のうえ具体策の検討を行うとしている。

*

道路、河川、港湾や各種公共施設など、国民生活の安全・安心を守るために欠かせない国土交通インフラの整備。これを持続可能にし、ひいては日本経済の底上げと成長のために、さらなる女性の活用が期待されます。

どぼじょ解体新書

土木女子の生活をもっともっと知りたい！
好きなものは？　休みの日は何をしてるの？　必需品っていったい何？
土木女子の構成要素、ババンと見せちゃいます！

土木女子の好きな食べもの

- 肉！（ダントツ多数派）
- 寿司・刺身！
- 和食！　和菓子！　甘いモノ！
- 卵料理
- おつまみ
- 白いご飯
- お母さんの手料理
- 何でも好き！（笑）　etc

☞やっぱり体力勝負ですよね。肉食い行くぞ肉！

土木女子の苦手なもの

- 真冬のコンクリート打設（圧倒的 No.1）
- 夏の暑さ
- 肌荒れ
- 夜勤
- 採血
- まだまだ男性社会なこと

☞真冬の屋外作業は本当に寒い。堂々の No.1 です。
トイレ等の設備は大分整備されてきましたが、女性が少ないこと自体がつらいと感じる人も。

土木女子の趣味

- スポーツ
  フットサル／スキー／スノーボード／
  ジョギング／ウォーキング／ゴルフ
- アウトドア
  旅行／ドライブ／野球／写真／散歩
- インドア
  料理／編み物／ホラー映画鑑賞／ゲーム／
  マッサージ／お風呂／読書
- その他
  買い物／食べ歩き／ガーデニング
- 仕事

☞フットサル、スノボ、ゴルフなど、スポーツ好きが多いのが特徴です。
なかには仕事が趣味の強者も。

土木女子の休日

- とにかく遊ぶ！派
  「休みが少ないので、
  ゴロゴロしてたらもったいない」
- 休みはゴロゴロ派
  「仕事の疲れを癒すために、
  徹底的にゴロゴロします」

☞土木女子は、人と話すのが大好きで、基本的にポジティブ。
貴重な休みは有意義に過ごします。

土木女子との出会い

◆そもそも総数が少ないので、理系学部であれば、出会うのは比較的容易

◆結婚は比較的早め。仕事への理解が求められるため、社内結婚や同業者との結婚も多い

☞以前はユニコーン並に珍しかった土木女子ですが、現在では少しずつ数も増えてきています。

土木女子のライフプラン

◆いずれは結婚・出産したい人が多い

◆仕事と家庭両立派、仕事優先派、家庭優先派と意見は様々

☞自身の生活と仕事を両立させていきたいと考えている土木女子が増えています。
土木女子に限らず、社会全体で意識されるようになってきている女性の社会進出。
厳しい環境だからこそ、訴えかけられるものもあるのかもしれません。

土木女子の七つ道具 ※個人差があります

～働く土木女子編～

◆携帯電話……工事現場に一度出てしまうと、現場事務所に戻るのにも一苦労、ということが多いため、連絡はもっぱら携帯電話で。

◆デジタルカメラ……進捗の記録等に使います。

◆野帳……堅い・小さい・安いと三拍子揃っているうえに、お安いメモ帳。なんと、雨に濡れても書ける優れものです。工事現場でも重宝されています。

◆どんな過酷な状況でも書けるボールペン……上を向いていても書けるものが人気です。ピンク色など、見て癒される色をポイントに使う人も。

◆黒板消し・チョーク・スプレー……現場の進捗を書き込み、記録写真を撮ります。

◆メジャー、ラジェット（バルブを閉めたりする工具、ラチェットとも）

◆日焼け止め……とにかく焼けるので、欠かせません。耳の塗り忘れに要注意。

～高専女子編～

◆関数電卓……普通の電卓じゃ物足りない！

◆USB・HD……USB では容量が足りずに HD をカバンに入れて持ってくる強者も。

◆レポート用紙・グラフ用紙

◆製図道具

◆ 0.3 ミリと 0.5 ミリのシャープペンシル

◆三角スケール

◆ノック式消しゴム……製図には細かい書き込みが多いので、小回りのきく消しゴムを使います。

☞ボールペンや小物入れなど、ワンポイントでかわいいものを使う土木女子多し。
好きなものに囲まれていると、仕事頑張ろう！と思えますよね。

土木用語辞典

本文中に出てきた土木に関することばを解説します。

◆土木全般に関する用語

○**技術提案書**【ぎじゅつていあんしょ】（P17参照）入札の前に提出する、簡易的な施工計画書。

○**踏査**【とうさ】（P117参照）正確な実施計画を策定して効率よく業務を進めるために、本測量の前に現地で行う予備調査。測量対象地域全体の地形、土地利用、植生等の現状を視察して、測点の位置や障害木等の伐採の必要性等を調査します。

○**高等専門学校**【こうとうせんもんがっこう】（P32・106参照）実践的・創造的技術者を養成することを目的とした高等教育機関。5年一貫（商船学科は5年6か月）の教育課程が特色。本科を卒業後は、2年間の専攻科課程に進むこともでき、専攻科を修了すると審査を経て学士の学位（大学学部と同じ）が得られます。また、大学に編入学することも可能です。

○**コンサルタント**【こんさるたんと】（P80参照）建設プロジェクトを遂行する事業者の一つ。プロジェクトの実現可能性調査、設計、工事監理等の種々のマネジメントを行います。技術知識と管理技能を要するので、建設業務に関する資格が必須です。

○**JV**【じぇいぶい】＝ジョイントベンチャー、共同企業体
複数の建設企業が共同または連帯して一つの工事を請け負う事業組織体。

○**総合工事業者**【そうごうこうじぎょうしゃ】（P21・47参照）国から土木一式工事業、建築一式工事業の許可を受けて、発注者から直接工事を請け負う元請けとして、建設工事や工事のマネジメントを行う業者。総合建設業者ともいいます。通称ゼネコン（ゼネラルコントラクター）。

○**樹木医・樹木医補**【じゅもくい・じゅもくいほ】（P84参照）日本の民間資格の一つで、樹木の診断・治療を行い、樹勢回復の処置を施す人、またはそのための資格をいいます。

○**造園**【ぞうえん】（P84参照）自然との調和を図りながら、快適な環境空間・景観を構成すること。自然環境の保全・修景から、庭園・公園等の日常生活環境の整備まで、とても広い範囲が対象となります。

○**上野東京ライン**【うえのとうきょうらいん】（P37参照）現在上野駅止まりの宇都宮線、高崎線、常磐線が東京駅まで延伸した後のルートの愛称。平成26年度中に完成予定です。

○**土木**【どぼく】（P17参照）建設業の一分野で、主にトンネル・鉄道等の巨大な構造物をつくるとされていますが、明確な定義はありません。

◆トンネルに関する用語

○**トンネル**【とんねる】周辺が地山や構造物等で覆われ、断面の高さや幅に比べて軸方向に細長い地下空洞。隧道ともいいます。交通、輸送等の用途に利用され、工法には開削工法、NATM工法、シールド工法等があります。

○**地山**【じやま】建設の対象となる自然地盤や岩盤、構造物の基礎地盤。

○**掘削**【くっさく】（P7参照）構造物を構築する際に、仮設・本設のために地盤や岩盤等を掘ること。

○**シールド工法**【しーるどこうほう】立坑からトンネル断面より少し大きいシールド（主に土砂地盤中を掘進するトンネル掘削機械）を地中に押込み、土砂の崩壊を防ぎながら掘進し、シールド内でのセグメントの組立て、後方に生じるセグメントと地山の隙間への裏込め注入等の一連の工程を繰返してトンネルを築造する工法のこと。

○**立坑**【たてこう】斜坑や横坑に対して用いられる言葉で、鉛直に掘られた坑道のこと。シールドトンネルの場合には、その機能や目的に応じて発進立坑、到達立坑等があります。

○**セグメント**【せぐめんと】シールド工法において、露出した地山が崩壊するのを防ぐために施工する覆工用の組立方式のプレキャストブロックのこと。セグメントを組み立て、リング構造体（セグメントリング）としてトンネルを支保します。

○**覆工**【ふっこう】地山の変形や崩落の抑制・防止などの地山安定の確保、湧水や漏水の処理、トンネル内空の美観等の目的のためにトンネルの掘削面を被覆する構造体、またはその構造体を構成すること。ライニング、巻立てともいいます。シールドトンネルでは、セグメントおよびその内側に施工される現場打ちコンクリートを併せて覆工と呼びます。

○**プレキャスト**【ぷれきゃすと】コンクリート等について、工場または現場の製造設備により、あらかじめ部材や製品を製造すること。現場作業の軽減が図られるとともに、高い品質が確保されます。

◆道路に関する用語

○**法面**【のりめん】切土や盛土によって人工的につくられた斜面。

◆海洋・河川に関する用語

○**暗渠**【あんきょ】表流水や地中水等を排除するため、地中に埋設された送・排水路。

○**ケーソン**【けーそん】水中構造物、地下構造物、あるいはその他一般構造物の基礎等を構築するために用いる函型または筒状の躯体。フランス語で箱の意味です。ケーソンを地上でつくり、その底部の土を掘削しながら構造物を地中に沈設させる工法の総称を、ケーソン工法といいます。

○**浚渫**【しゅんせつ】水面下の土砂を掘削して、他の場所に移動させること。

○**堰**【せき】（P68参照）河川や水路に横断して設置される構造物で、堤防の機能がないものの総称。広義にはダム（堰堤）を含むものと考えられています。形態で分類すると可動堰と固定堰の2種類、用途で分類すると防潮堰、河口堰、取水堰等に分かれ、取水堰は多くの河川でみられます。

○**ダム**【だむ】貯水、取水、土砂の流下を抑えることなどを目的として、渓谷または河道を横断して築造される構造物の総称。一般には、土砂をせき止めること等を目的とする砂防ダムではなく、治水あるいは利水を目的としたものをさすことが多いようです。その材料、構造、目的により、様々な種類のものがあります。

○**台船**【だいせん】荷物を運搬することを目的とせず、作業用台、フロートなどを主目的とした船。バージ。

○**マリコン**【まりこん】（P90参照）港湾・護岸工事や浚渫などの海洋土木を主力とする建設会社。

取材協力

＊公益社団法人 土木学会
社会コミュニケーション委員会・出版 WG
＊愛知県
＊株式会社安藤・間
＊有限会社大沢造園
＊株式会社大林組
千住関屋ポンプ所建設工事（東京都下水道局）
大林・大本建設共同企業体（特）
株式会社ケー・エス・シー
アミューズパーク足立店
＊独立行政法人 国立高等専門学校機構
香川高等専門学校 建設環境工学科
たかまつ土木女子の会
＊鹿島建設株式会社
首都高速道路株式会社
鹿島・熊谷・五洋 特定建設工事共同企業体
東京急行電鉄株式会社
鹿島・鉄建建設 共同企業体
＊株式会社熊谷組
＊国土交通省
＊酒井工業株式会社
＊清水建設株式会社
清水・前田・東洋 特定建設工事共同企業体
＊大成建設株式会社
東京都
＊テレビ朝日映像株式会社
＊東亜建設工業株式会社
＊東北発電工業株式会社
東北大学大学院工学研究科 土木工学専攻(久田 真 教授)
太平洋セメント株式会社 東北支店 環境事業営業部
ハンバーグレストラン HACHI（ハチ） 仙台店
＊日本工営株式会社
＊日本データーサービス株式会社
＊株式会社ネクスコ東日本エンジニアリング
＊東日本高速道路株式会社
＊東日本建設業保証株式会社 建設産業図書館
＊東日本旅客鉄道株式会社
＊独立行政法人水資源機構
＊ミタニ建設工業株式会社
＊三井住建道路株式会社
（順不同）

Staff

撮影：　工晋平（studio L＊UCE）
ヘア＆メイク：渡壁梨沙
橋本ひろみ
デザイン：　株式会社クリエイティブセンター広研
竹田壮一朗（TAKEDASO.Design）
音声反訳：　竹居裕子（オフィスゆう）

参考文献

『土木用語大辞典』（社団法人土木学会編、技報堂出版、1999 年 2 月 15 日 1 版 1 刷発行）
『土木をゆく』（イカロス出版、2013 年 10 月 10 日発行）

土木女子《どぼくじょし》！

2014年9月12日　発行

編　者：　清文社編集部《せいぶんしゃへんしゅうぶ》©

発行者：　小泉 定裕

発行所：　株式会社 清文社
東京都千代田区内神田1-6-6（MIFビル）
〒101-0047　電話03（6273）7946　FAX03（3518）0299
大阪市北区天神橋2丁目北2-6（大和南森町ビル）
〒530-0041　電話06（6135）4050　FAX06（6135）4059
URL　http://www.skattsei.co.jp/

印刷・製本：広研印刷株式会社

ISBN978-4-433-41114-5
定価はカバーに表示してあります。